U0165110

七彩数学

姜伯驹　主编

QICAISHUXUE

整数分解

——中小学数学问题，大数学家难题

颜松远□著

科学出版社

北京

内 容 简 介

本书从大家所熟知的整数的整除性的概念开始,由浅入深、深入浅出地介绍质数的很多有趣而又深刻的性质,质因数分解的困难性(难解性)以及质因数分解的若干现代方法,最后导出如今在网络与信息安全中最有名气、应用最广泛的 RSA 密码体制及其有关的破译方法.

这是一本为大学生和研究生而写的通俗读物,但由于它的起点较低,因此也适合于用作中小学生的课外读物(略过有关数学公式);同时又由于它的终点较高且理论曲折深刻,涉及很多几十年、几百年乃至数千年悬而未决的数学难题,因而对广大数学、计算机科学和密码学等专家也是一本不可多得的读物.

图书在版编目(CIP)数据

整数分解:中小学生问题、大数学家难题/颜松远著.—北京:科学出版社,2009

(七彩数学/姜伯驹主编)

ISBN 978-7-03-023515-2

Ⅰ.整… Ⅱ.颜… Ⅲ.整数-普及读物 Ⅳ.O121.1-49

中国版本图书馆 CIP 数据核字(2009)第 185773 号

责任编辑:陈玉琢/责任校对:赵燕珍

责任印制:吴兆东/封面设计:王 浩

科学出版社出版

北京东黄城根北街 16 号
邮政编码:100717
http://www.sciencep.com

北京虎彩文化传播有限公司印刷

科学出版社发行 各地新华书店经销

*

2009 年 1 月第 一 版 开本:A5(890×1240)
2024 年 5 月第五次印刷 印张:5 1/2
字数:76 000

定价:39.00元

(如有印装质量问题,我社负责调换)

丛书序言

2002 年 8 月,我国数学界在北京成功地举办了第 24 届国际数学家大会,这是第一次在一个发展中国家举办这样的大会.为了迎接大会的召开,北京数学会举办了多场科普性的学术报告会,希望让更多的人了解数学的价值与意义.现在由科学出版社出版的这套小丛书就是由当时的一部分报告补充、改写而成.

数学是一门基础科学.它是描述大自然与社会规律的语言,是科学与技术的基础,也是推动科学技术发展的重要力量.遗憾的是,人们往往只看到技术发展的种种现象,并享受由此带来的各种成果,而忽略了其背后支撑这些发展与成果的基础科学.美国前总统的一位科学顾问说过:"很少有人认识到,当前被如此广泛称颂的高科技,本质上是数学技术."

在我国,在不少人的心目中,数学是研究古老难题的学科,数学只是为了应试才要学的一门学科.造成这种错误印象的原因有很多.除了数学本身比较抽象,不易为公众所了解之外,还有学校教学中不适当的方式与要求、媒体不恰当的报道等. 但是, 从数学家自身来检查, 工作也有欠缺, 没有到位. 向社会公众广泛传播与正确解释数学的价值, 使社会公众对数学有更多的了解, 是义不容辞的责任. 因为数学的文化生命的位置, 不是积累在库藏的书架上, 而应是闪烁在人们的心灵里.

20 世纪下半叶以来, 数学科学像其他科学技术一样迅速发展. 数学本身的发展以及它在其他科学技术的应用, 可谓日新月异, 精彩纷呈. 然而许多鲜活的题材来不及写成教材, 或者挤不进短缺的课时. 在这种情况下, 以讲座和小册子的形式, 面向中学生与大学生, 用通俗浅显的语言, 介绍当代数学中七彩的话题, 无疑将会使青年受益. 这就是这套丛书的初衷.

这套丛书还会继续出版新书, 诚恳地邀请数学家同行们参与, 欢迎有合适题材的同志踊跃投稿. 这不单是传播数学知识, 也是和年轻人分享自己的体会和激动. 当然, 由于水平所限, 未必能完全达到预期的目标, 丛书中的不当之处, 也欢迎大家批评指正.

姜伯驹

2007 年 3 月

序　言

> 整数分解古难题，
> 表面看来很容易，
> 公钥密码始于此，
> 全球竞争浪潮急.

数论中的许多基本概念，其实人们从小学开始就有所接触，但往往是习而不察、察而不觉、认而不深、识而不透，也就是知其然而不知其所以然.例如，整除、约数、倍数、最大公约数、最小公倍数以及质数和质因数分解等，很多人只是了解它们的表面含义而非洞察其深刻内涵，更谈不上将它们应用于实际工作中.更有甚者，很多人，其中不乏名家大师，如英国 20 世纪上半叶伟大数学家哈代(G. H. Hardy，1877～1947，他是我国著名数学家华罗庚先生 1936～1938 年在剑桥大学留学时的导师)和美国 20 世纪上半叶著名数学家迪克森(L. E. Dickson，1874～1954，他是我国现代数论第一人杨武之先生 1924～1928 年在芝加哥大学留学时的导师),均认为数论是一门纯之又纯的、与实际无关、与应用无缘的纯粹数学学科,其实事实并非如此. 任何纯粹数学学科,包括纯之又纯的数论,都是有用处的,都能在社会实践中找到实际应用. 例如,任何具有小学文化程度的人都知道质因数分解,都能分解类似于 $15 = 3 \times 5$ 和 $161 = 7 \times 23$ 这样的整数,但是很少有人知道质因数分解是一个非常深奥、十分复杂、特别难解的问题. 当然,质因数分解并不是一个孤立的数学难题. 一方面,它与当今世界其他许多著名数学难题,如 $P \overset{?}{=} NP$ 问题和黎曼假设等直接相关. 例如,要能证明 $P = NP$,那就意味着一定存在着快速的质因数分解算法. 同样,要能证明黎曼假设,那也就说明质因数分解并没有想象的那么困难. 另一方面,正因为整数分解很困难(至少在目前是如此),因此可以应用它来设计"不可破译"的密码. 事实上,当今世界最有名气、应用最广泛的 RSA 密码体制的安全性就是建立在质因数分解的困难性(难解性)之上的. 这也就是说,质因数分解的难解性是 RSA 密码体制的安全性之所在. 为此,发明该密码体制的 3 位麻省理工学院 (MIT) 的计算机科学家

Rivest(目前仍在 MIT 计算机系),Shamir(目前
在以色列 Weizman 计算机系)和 Adleman(目
前在南加州大学计算机系)于 2003 年获得享有
计算机科学诺贝尔奖之誉的图灵奖. 由于 RSA
在今天的网络与信息安全中无处不在、无时不
有,因此研究攻击破译 RSA 自然就成了当代密
码学中一项重中之重的研究课题. 由于整数分
解刚好就是 RSA 的克星,因此目前在世界范围
内,包括来自军方的、政府的、民间的研究整数
分解的数学理论,寻求整数分解的快速算法的
工作正如火如荼地开展着,其竞争之激烈(公开
的或秘密的)、参与的人数之众多(遍及世界各
地)、动用的计算资源之广泛,可以说超过了人
类文明史上任何一项重大工程.

　　本书从大家所熟知的小学算术中的整除、
约数、倍数、质数、质因数分解等基本概念出发,
由浅入深、深入浅出地介绍质数的有趣而深刻
的性质、质因数分解的现代方法以及质因数分
解的困难性(难解性),最后导出在网络与信息
安全中最具影响力的 RSA 密码体制. 在介绍这
些基本概念和现代方法时,要涉及很多非常深
刻的计算机科学和现代数学的理论与问题,如
与计算难解性有关的 $P \overset{?}{=} NP$ 问题、与质数分布

府及时救助和社会各界鼎力相助,才得以暂渡难关.多少次泪珠滴浸键盘和稿纸,多少次默默祷告遇难同跑一路走好,多少次祝福灾区人民重铸辉煌……本书所得稿费,全部用于购买本书,分别寄送四川、陕西和甘肃地震灾区的学校以及我的家乡江西井冈山革命老区的学校.

颜松远

2008 年 11 月于华南理工大学

目　录

1 开头小引、数论难题

1903 年 10 月,在纽约召开的美国数学会(AMS)的一次学术会议上,按照会议的议程,哥伦比亚大学著名数学教授科尔(F. N. Cole, 1861~1926)马上就要宣读一篇关于整数分解的论文. 人们只见他静静地走上讲台、走到黑板前,并从容地用粉笔在黑板上写下一行醒目的整数分解式

$$2^{67} - 1 = 761838257287 \cdot 193707721.$$

之后又悄悄地走回到他的座位席上. 他的整个"宣读"没有说一句话,甚至连嘴唇都没有动一下. 一直到他在他的座位上安然落坐之后,人们才明白过劲来,原来他将悬而未决 33 年的梅森(Merseene,1588~1648,法国道士出身的著名

科尔

数学家)数 $2^{67}-1$ 分解成了质因数的乘积形式,因为法国著名数学家卢卡斯(Lucas,1842～1891)早在 1870 年就检验出该数是合数(而在此前人们一直误认为这个数是质数),但一直没有人能找出它的一个非平凡因数. 顿时,全场掌声雷动、欢呼雀跃. 事后有人问他花费了多少时间分解这个数,他淡然一笑地说,过去 3 年的周末全部都花费在分解这个数上.

科尔是美国著名的代数和数论专家,生前曾长期担任位于纽约市的哥伦比亚大学数学系教授,并曾任 AMS 理事达 25 年、AMS 通报编辑达 21 年之久. AMS 为了纪念他对美国数学发展所作出的巨大贡献,同时且并行地设有两个以他的名字命名的代数与数论奖,其中,科尔代数奖从 1928 年开始至 2008 年,已连颁了 16 次(下一次颁奖时间为 2009 年 1 月),获奖者包括 L. E. Dickson(生前为芝加哥大学教授)和 J. G. Thompson(1970 年菲尔兹奖得主);科尔数论奖从1931年至 2008 年,已连颁了 16 次(下一次颁奖时间为 2011 年 1 月),获奖者包括闻名于世的数学大师、匈牙利籍数学家 P. Erdös

和最终解决费马大定理的英籍数学家A. Wiles.
作为一名数学大师,能够淡泊名利、埋头苦干 3
年分解一个"枯燥无味"的整数,就这种精神,就
值得称道、值得我们尤其是青少年学习.

　　一般地,将形为 2^n-1(n 为正整数)之数叫
做 Mersenne 数. n 可以是合数也可以是质数.
如果 n 为合数,则 2^n-1 一定为合数;如果 $n=p$
为质数,则 2^p-1 可能为合数也可能为质数.特
别地,当这种形式的数为质数时,就称其为
Mersenne 质数(非 Mersenne 质数的 Mersenne
数就是 Mersenne 合数).说到梅森质数,其实还
有一段相当有趣的历史故事.梅森经过认真研
究、仔细计算,曾在 1644 年声称:当 $p=2,3,5,$
$7,13,17,19,31,67,127,257$ 时,2^p-1 为质数,
并且是至 $p=257$ 为止唯一的具有这种形式的
质数.当然,今天已经都知道,梅森在这个包含
11 个数的表列中至少犯了 5 个错误,并且这 5
个错误花了 300 多年才得到彻底地纠正.首先,
当 $p=61,89,107$ 时,2^p-1 也是质数.这也就
是说,梅森误漏了 3 个质数,因此 61,89,107 当
应增加到该表列中.其次,当 $p=67,257$ 时,
2^p-1 并不是质数而是合数,故 67,257 应该从
该表列中删除出去.更有意思的是,$2^{67}-1$ 早在

003

1870年左右就知道它不是一个质数而是一个合数,但就是没有办法把它分解出来. 科尔是第一个将此数分解出来的人,并且是手工分解,因为那时还没有现代化的电子数字计算机. 前 4 个梅森质数 2^p-1, $p=2,3,5,7$ 早在 2500 年前就已知道,并已列入欧几里得的传世之作《几何原本》. 现行九年义务教育六年制小学数学教科书第十册(人民教育出版社 2002 年)第 62 页就列出了于 1996 年发现的第 34 个梅森质数 $2^{1257787}-1$(图 1.1). 更为有意思的是,1963 年当第 23 个梅森质数 $2^{11213}-1$ 在美国 Illinois 大学(Urbana-Champaign 分校)被发现后,该校数学系感到非常荣幸,以至于该系系主任 Bateman 决定所有从该系发出的信件,一律加盖一个与此梅森质数有关的特殊的邮戳,并且分文不取,免费寄发、投递,此情一直延续到 1976 年该系两位数学家 Kenneth Appel 和 Wolfgang Haken 证明了著名的"四色定理"为止. 图 1.2 展示的是其中的一枚特殊邮戳. 不过,时至今日,人们也只知道46个梅森质数. 为简便起见,在表 1.1中仅列出这 46 个可以构成梅森质数 2^p-1 中的 p 以及其他相关信息.

整 数 分 解

古代就有人研究整数的性质.二千二百多年前,希腊的数学家就找出了1000以内的质数,并且知道质数有无限多个.现在人们利用计算机找出的质数越来越大.1996年9月初,美国的科学家找到的一个新的最大质数是$2^{1257787}-1$(它是一个378632位的数).我国从古到今在整数性质方面也有很多研究,华罗庚等数学家在这方面做出重要的贡献.

图 1.1　现行数学小学教材上引用的第 34 个

梅森质数 $2^{1257787}-1$

图 1.2　Illinois 大学一枚梅森质数 $2^{11213}-1$ 的邮戳

数论中有一条非常著名的定理,称之为"欧几里得-欧拉定理":$2^{p-1}(2^p-1)$ 为完全数当且仅当 2^p-1 为梅森质数.所谓完全数,就是其所有因数之和一定要等于它本身的 2 倍.在欧几里

欧拉

005

表 1.1 已知的 46 个素数 p 使之 2^p-1 也为素数

序号	p	2^p-1 的位数	发现年间
1	2	1	2500 年前
2	3	1	2500 年前
3	5	2	2500 年前
4	7	3	2500 年前
5	13	4	1456
6	17	6	1588
7	19	6	1588
8	31	10	1772
9	61	19	1883
10	89	27	1911
11	107	33	1914
12	127	39	1876
13	521	157	1952
14	607	183	1952
15	1279	386	1952
16	2203	664	1952
17	2281	687	1952
18	3217	969	1957
19	4253	1281	1961
20	4423	1332	1961
21	9689	2917	1963
22	9941	2993	1963
23	11213	3376	1963
24	19937	6002	1971
25	21701	6533	1978
26	23209	6987	1979
27	44497	13395	1979
28	86243	25962	1982
29	110503	33265	1988
30	132049	39751	1983

续表

序号	p	2^p-1 的位数	发现年间
31	216091	65050	1985
32	756839	227832	1992
33	859433	258716	1994
34	1257787	378632	1996
35	1398269	420921	1996
36	2976221	895932	1997
37	3021377	909526	1998
38	6972593	2098960	1999
39	13466917	4053946	2001
40	20996011	6320430	2003
41	24036583	7235733	2004
42	25964951	7816230	2005
43	30402457	9152052	2005
44	32582657	9808358	2006
45	37156667	11185272	2008
46	43112609	12978189	2008

得的《几何原本》里就已经列出了前 4 个完全数 6,28,496,8128. 这也就是说,古希腊人早在 2000 年前就知道了 4 个完全数. 不过时至今日, 人们也仅知 46 个完全数. 例如,6 是一个完全数 (最小的完全数),因为 6 的因数(下一节要介绍 因数的概念)为 1,2,3,6,而这些因数之和 $1+2+3+6=2\cdot6$,刚好为 6 的 2 倍,而这又正好 对应着第一个完全数 $2^{2-1}(2^2-1)=6$. 这条定 理的充分条件在欧几里得《几何原本》第 9 卷的

命题 36 中就已建立. 但它的必要条件则是在欧拉(1707~1783)手上完成的,并且是在欧拉死后由其儿子代为发表的. 所以这条定理之所以有名是因为它花了 2000 多年才得到证明. 在这里要特别强调一点,虽然这本小册子是一本通俗易懂的科普书,但书中所涉及的悬而未决几百年,甚至几千年的难题比比皆是. 下面仅列出其中与梅森数、完全数相关的 3 个问题,以使读者能窥一斑而见全豹:

(1) 梅森质数是否有无穷多个?(目前仅知道 46 个,是否有无穷多个,2000 多年来悬而未决)

(2) 完全数是否有无穷多个?(目前仅知道 46 个,是否有无穷多个,2000 多年来悬而未决)

(3) 是否存在一个奇完全数?(目前所知的所有完全数均为偶完全数,是否存在奇完全数是数学界悬而未决 2000 多年的一个重大难题)

显然,任何一个梅森数 2^p-1(p 为质数),它要么是质数,要么是合数,二者必居其一且仅居其一. 因此,给定 2^p-1,首先需要判断它到底是质数还是合数. 如果它是一个质数,那么就意味着它对应于一个完全数;如果它是一个合数,则希望进一步将其分解成质数的乘积形式,这

样就回到本节开头的问题,质因数分解梅森合
数 $2^{67}-1$. 细心的读者此时可能会问:用人工的
方式来分解 2^p-1 之数是会很困难,但用计算
机来分解则不会很困难吧? 很不幸的是,当欲
被分解之数很大时,就是用巨型计算机来分解
也一样会很困难. 为了说明质因数分解的困难
性,转而讨论另一种与此类似的数的分解情况.
将形为

$$F_n = 2^{2^n} + 1, \quad n \geqslant 0$$

的数称为费马数,以纪念法国终生以律师为业
的天才业余数学家费马(1601~1665)的首创性
工作. 1637 年,费马在给梅森的一封信中猜测:
所有形为 F_n 的数均为质数,因为他亲自验证过
如下这些数都是质数:

$$2^{2^0} + 1 = 3,$$
$$2^{2^1} + 1 = 5,$$
$$2^{2^2} + 1 = 17,$$
$$2^{2^3} + 1 = 257,$$
$$2^{2^4} + 1 = 65537.$$

这也真是够胆大的,只验证了 F_n 的前 5 个数是
质数就猜测所有 F_n 的数均为质数.事实上,费
马的这个猜测是非常错误的! 费马在其一生中

提出过很多猜测,很有意思的是,就这一个猜测是错误的,其他的猜测基本上都是正确的,当然最著名要数他于 1731 年提出的费马大定理:当 $n > 2$ 时,方程

$$x^n + y^n = z^n$$

没有正整数解. 这个定理一直到 1995 年才由英籍数学家 A. Wiles(现为美国普林斯顿大学教授)和他昔日的学生 R. Taylor(现为美国哈佛大学教授)彻底解决. 第一个推翻费马关于所有 F_n 的数均为质数的猜测的是欧拉. 1731 年,欧拉成功地分解出了第 5 个费马数(注意:对于费马数,从零开始编号,即 $F_0, F_1, F_2, \cdots$):

$$F_5 = 2^{2^5} + 1 = 641 \cdot 6700417.$$

这就说明 F_5 不是质数而是合数. 稍后,人们陆续发现 F_6, F_7, F_8 等都是合数而不是质数,事实上,就目前所掌握的情况来看,所有 $F_n, n > 4$ 的费马数要么是合数,要么其质合性还未确定,总之还没有再发现一个费马数是质数. 对于费马数,人们的研究重点在于两个地方:①给定一个费马数,确定它是质数还是合数;②如果是合数,再将它分解成质数的乘积形式. 表1.2给出了费马数的最新分解现状,其中,p_x 表示一个具有 x 位(十进制位)的质数(如 p_{62} 就表示它是

一个具有62位的质数),c_y 表示一个具有 y 位的合数(如 c_{1187} 就表示它是一个具有 1187 位的合数).注意,对于 F_{14},F_{20},F_{22},F_{24},尽管还没有找到它们中的任何一个质因数,但能够确定它们是合数而不是质数.这也就是说,要确定某一个正整数是不是合数,并不必一定要找出其一个质因数.当然,如果能找出其一个质因数,它肯定就是合数.从表 1.2 可知,最小的未被完全分解的费马数是第 12 个费马数 F_{12},因此彻底分解这个数,是当今国际数学与计算科学界的最具竞争性的科研项目之一.

表 1.2　费马数的分解现状

n	$F_n = 2^{2^n} + 1$
0, 1, 2,3,4	全为值数
5	$641 \cdot 6700417$
6	$274177 \cdot 67280421310721$
7	$59649589127497217 \cdot 5704689200685129054721$
8	$1238926361552897 \cdot p_{62}$
9	$2424833 \cdot 7455602825647884208337395736200454918783366342657 \cdot p_{99}$
10	$45592577 \cdot 6487031809 \cdot 4659775785220018543264560743076778192897 \cdot p_{252}$

续表

n	$F_n = 2^{2^n} + 1$
11	$319489 \cdot 974849 \cdot 167988556341760475137 \cdot$ $3560841906445833920513 \cdot p_{564}$
12	$114689 \cdot 26017793 \cdot 63766529 \cdot 190274191361 \cdot$ $1256132134125569 \cdot c_{1187}$
13	$2710954639361 \cdot 2663848877152141313 \cdot 36031098$ $445229199 \cdot 319546020820551643220672513 \cdot c_{2391}$
14	c_{4933}
15	$1214251009 \cdot 2327042503868417 \cdot$ $168768817029516972383024127016961 \cdot c_{9808}$
16	$825753601 \cdot 188981757975021318420037633 \cdot c_{19694}$
17	$31065037602817 \cdot c_{39444}$
18	$13631489 \cdot 81274690703860512587777 \cdot c_{78884}$
19	$70525124609 \cdot 646730219521 \cdot c_{157804}$
20	c_{315653}
21	$4485296422913 \cdot c_{631294}$
22	$c_{1262612}$
23	$167772161 \cdot c_{2525215}$
24	$c_{5050446}$

同样,关于费马数,也有很多悬而未决的历史难题.下面仅列出其中的几个:

(1) 是否有无穷多个费马质数?(目前仅知道 5 个,是否有无穷多个,370 多年来悬而未决)

(2) 是否有无穷多个费马合数?(不知道)

（3）是否每个费马数都是非平方数？（不知道）

虽然本书是一本通俗易懂的科普书,但同时也是一本充满挑战的"科研"书,因为它涉及很多著名数学与计算难题,光解算这些问题(当然是其中部分的问题)的奖金就超过 500 万美元,并且其中很多问题的意义远远超过奖金的价值.因此坚信:本书必将极大地鼓励我国广大的青少年、大学生和研究生树雄心,立壮志,不畏艰辛,勇攀世界科学技术高峰.

思考/科研题一

（1）[思考题] 请问 123456789987654321 这个 18 位的数是质数还是合数？如果是合数,质因数分解这个数.

（2）[科研题] 下面给出一道非常适合于广大的大、中学生的研究性的课题:美国一家网络安全基金会——电子前沿基金会(electronic frontier foundation, EFF),愿出 55 万美元奖金给第一个找到超过如下表指定位数(十进制位)的质数的个人或组织:

奖　　金	所求的质数的长度
50 000 美元	至少 1 000 000(100 万)位
100 000 美元	至少 10 000 000(1000 万)位
150 000 美元	至少 100 000 000(1 亿)位
250 000 美元	至少 1 000 000 000(10 亿)位

其中,第一个奖项的五万美元已于 2000 年 4 月 6 日颁发给了 Nayan Hajratwala,以奖励他于 1999 年 6 月 1 日发现的 38 个梅森质数 $2^{6972593}-1$,该质数含有 2,098,960 个十进制位. 由于加州大学洛杉矶分校(UCLA)数学系的 Edson Smith 利用计算机于 2008 年 8 月 23 日找到了第 46 个梅森质数 $2^{43112609}-1$. (注:第 46 个梅森质数发现于 2008 年 8 月 23 日,但第 45 个梅森质数则是在晚些时候由 Hans-Michael Elvenich 发现于 2008 年 9 月 6 日;见表 1.1,其位数超过了一千万个十进制位,因此 Edson Smith 将获得 EFF 给予的价值为 10 万美元的奖金. EFF 的下一个奖项为 15 万美元,奖励给第一个找到一个超过 1 亿位(十进制位)的质数的个人或组织. 当然,科研不是为了获奖;获奖只是一种鼓励、激励,以取得更大的成绩).

2 整数分解、古老问题

在小学算术里就已经知道,正整数、负整数和零一块构成整数,记为

$$Z = \{\cdots, -5, -4, -3, -2, -1, 0,$$
$$1, 2, 3, 4, 5, \cdots\}.$$

由于负整数和正整数是一一对应的(只是多了一个负号而已),而零又只有一个,故在很多情况下,仅考虑正整数(也就是自然数)就足够,记为

$$Z^+ = N = \{1, 2, 3, 4, 5, \cdots\}.$$

给定任意整数 a(被除数)和任意非零整数 b(除数),则总存在着整数 q(商)和 r(余数),使得

$$a = bq + r \ \bigvee \ r = a - bq, \qquad (2.1)$$

其中,$0 \leqslant r \leqslant |b|$. 说整数 a 可以被非零整数 b 整

除,或 b 整除 a,记作 $b|a$,如果 $r=0$.如果 $r\neq0$,就说 b 不整除 a 且记作 $b\nmid a$.当 $b|a$ 时,就称 b 为 a 之因数(或约数),a 为 b 之倍数.显然,因数和倍数是相互依存的.如果 $0<b<a$,则 b 被称之为 a 的真因数.注意,在符号 $b|a$ 中,b 永远不能为零,但 a 为零则是可以的.现在,要进一步用符号(由高斯最早引进)$a\ \mathrm{mod}\ b$ 来表示 $a\div b$ 的余数 r

$$r = a\ \mathrm{mod}\ b = a - b\left\lfloor\frac{a}{b}\right\rfloor, \qquad (2.2)$$

其中,$\left\lfloor\dfrac{a}{b}\right\rfloor$ 表示 $\leqslant\dfrac{a}{b}$ 的最大整数,如 $\left\lfloor\dfrac{1}{2}\right\rfloor=0$,$\left\lfloor\dfrac{8}{3}\right\rfloor=2$.显然

$$b|a \Leftrightarrow a\ \mathrm{mod}\ b=0,$$

$$b\nmid a \Leftrightarrow a\ \mathrm{mod}\ b\neq0,$$

其中,符号 $\Leftrightarrow$ 表示"当且仅当",也就是等价.

有了整数整除的概念,就可以接着介绍整数同余的概念.如果大于 1 的正整数 n 整除 $a-b$ 之差,即 $n|(a-b)$,就说 a 模 n 与 b 同余.记作

$$a \equiv b(\mathrm{mod}\ n).$$

通常所说的 15 点钟是 3 点钟,就是因为

$$12 \mid (15 - 3) \Leftrightarrow 15 \equiv 3 (\bmod\ 12)$$

$$\Leftrightarrow 15\ \bmod\ 12 = 3$$

$$\Leftrightarrow 15 = 12 \cdot 1 + 3.$$

显然

$$a \equiv b(\bmod\ n) \Leftrightarrow a = kn + b,$$

其中,k 为任意整数.同理,如果 $n \nmid (a-b)$,就说 a 模 n 与 b 不同余.记为

$$a \not\equiv b(\bmod\ n).$$

同样,有了整数整除的概念后,就可以直接介绍质数与合数的概念.除 1 以外,任何一个正整数至少含有 2 个正因数,即 1 和它本身(称之为平凡因数),如 $2 = 1 \cdot 2$ 和 $3 = 1 \cdot 3$ 等.但是,有的正整数除了含有两个平凡因数外,还含有其他正因数(称为非平凡因数),如 $4 = 1 \cdot 4 = 2 \cdot 2, 6 = 1 \cdot 6 = 2 \cdot 3$ 等.如果一个大于 1 的正整数只有两个平凡因数,就称之为质数(或素数),否则就将称其为合数,如 2,3,5,7 就是质数,而 4,6,8,9 则是合数.1 既不是质数也不是合数,1 是一种特殊形式的数,称之为单位数.

所谓"整数分解"(也称"因数分解"),就是要找出正整数 $n > 1$ 的一个非平凡因数 f(并不要求一定是质因数),如 15 就是 12345 中的一个因数,但它并不是质因数.在现代计算数论

017

(computational number theory) 里,整数分解作为一个数学问题(现通称为整数分解问题,integer factorization problem, IFP)可以被形式地定义为

$$\text{IFP} \stackrel{\text{def}}{=\!=} \begin{cases} 输入, & n > 1, \\ 输出, & f \mid n, 1 < f < n. \end{cases}$$

其中, $\stackrel{\text{def}}{=\!=}$ 表示"定义为",或者

$$\text{IFP} \stackrel{\text{def}}{=\!=} \begin{cases} 输入, & n > 1, \\ 输出, & n = ab, 1 < a, b < n. \end{cases}$$

所谓"质因数分解",就是要将正整数 $n > 1$ 分解成质因数的乘积形式. 也就是说,要将 n 的所有质因数全部求出来(不仅仅是求找出 n 中的一个因数). 例如,100 就可以质因数分解成

$$100 = 2^2 \cdot 5^2.$$

当然它也可以整数分解成

$$100 = 2 \cdot 50 = 4 \cdot 25 = 5 \cdot 20 = 10 \cdot 10.$$

由"算术基本定理"(可以认为是数论中最重要的或者说是第一块基石)知道,任何一个大于 1 的正整数 n 都可以被唯一地分解成如下质因数的乘积形式:

$$n = p_1^{\alpha_1} p_2^{\alpha_2} \cdots p_k^{\alpha_k}, \qquad (2.3)$$

其中, $p_1, p_2, \cdots, p_k$ 为质数, $\alpha_1, \alpha_2, \cdots, \alpha_k$ 为正整

数.一般地,将式(2.3)称作正整数 n 的标准质
因数分解式(standard prime factorization).显
然与之相应的"质因数分解问题"(prime factor-
ization problem,PFP)也可被定义如下:

$$\text{PFP} \overset{\text{def}}{=\!=} \begin{cases} \text{输入}, & n > 1, \\ \text{输出}, & n = p_1^{a_1} p_2^{a_2} \cdots p_k^{a_k}. \end{cases}$$

显然,当 n 只有 2 个质因数(即 $n=pq$,其中 p,q
为质数)时,整数分解和质因数分解就是一回
事.特别地,如果 $n=p$ 为质数时,就认为 n 已经
被分解成标准的质因数分解式了,当然也就不
需再分解了.整数的质因数分解的思想其实早
在 2500 年前的欧几里得的《几何原本》中就已
经有所体现,但是其存在性和唯一性,也即式
(2.3)的存在性和唯一性的证明,则是在 19 世
纪时由德国大数学家高斯一手完成的.不过很
遗憾的是,高斯以及高斯以后的所有数学家(包
括当今世界上的所有数学家、计算机科学家),
也仅能证明出这种整数的质因数分解的存在性
和唯一性,至于具体如何去把这种质因数分解
式快速地求解出来,则可以说是束手无策!
换句话说,证明质因数分解的存在性和唯一性
与真正求解质因数分解完全是两回事.证明的
过程丝毫没有提供求解质因数分解的任何线

索.细心的读者一定会注意到:质因数分解问题除了包含整数分解问题外,其实还包含着另一个看起来很相似,其实完全不同的"质性检验问题"(primality testing problem,PTP),其定义如下:

$$PTP \stackrel{\text{def}}{=\!=} \begin{cases} 输入, & n > 1, \\ 输出, & \begin{cases} 是, & n\ 是素数, \\ 不是, & n\ 不是素数. \end{cases} \end{cases}$$

显然,整数分解和质性检验是质因数分解中的两个必不可少的基本运算.从计算的角度讲,只要有快速的整数分解算法和快速的质性检验算法就一定有快速的质因数分解算法.因为质因数分解算法只不过是整数分解算法和质性检验算法的递归形式而已.这也就是说,只要反复作如下的递归计算:

n 的质因数分解式

$$n = p_1^{\alpha_1} p_2^{\alpha_2} \cdots p_k^{\alpha_k}$$

就一定能求出来.现在的具体问题是:已经有了快速的质性检验算法,但还没有快速的整数分解算法,因此还没有快速的质因数分解算法. 在进行整数分解时,一般要先对 n 作一个"质性检验",在确定它是合数后,再对它考虑分解. 高斯是世界上第一个将质性检验和质因数分解严格定义、区别对待的人. 不过很遗憾的是,时至今日仍有很多人(其中,还包括很多名人)将这两个性质不同的问题混为一谈. 例如,微软公司的创始人盖茨(Gates)就在其著作 *The Road Ahead*(未来之路)(Viking 出版社,1995 年,第 265 页)中指出:"一个很显然的数学突破,就是研制出一种分解大质数的快速方法(The obvious mathematical breakthrough would be development of an easy way to factor large prime numbers)". 略有小学数学知识的人都知道:质因数分解是将质因数从合数中分解出来,而不是真正去分解一个质数. 所以,盖茨犯了一个连小学生都不太容易犯的概念性错误. 如果一定坚持要"分解"质数的话,其实也不是不可能,并且还不困难,同时与这个质数的大小没有关系(如果这个质数可以分解的话). 例如,虽然 2,5, 13 都是质数,但 2,5,13 完全可以像合数 10 一样地被分解成如下的形式(如果执意要分解的话):

$$2 = (1 + \sqrt{-1})(1 - \sqrt{-1})$$

$$5 = (1 + 2\sqrt{-1})(1 - 2\sqrt{-1})$$

$$10 = 2 \cdot 5$$

$$= (2 + \sqrt{-6})(2 - \sqrt{-6})$$

$$13 = (2 + 3\sqrt{-1})(2 - 3\sqrt{-1}).$$

现行九年义务教育六年制小学数学教科书第十册(人民教育出版社 2002 年)第 59~62 页中介绍了什么是因数、什么是倍数、什么是质数、什么是合数,尤其介绍了什么是质因数分解,并且给出了进行质因数分解的一种具体的方法,即"短除法".所谓用短除法分解 n(此时假定 n 已经经过质性检验后确认为是合数),就是试着从最小的质数 2 开始,依次反复用质数 2,3,5,…逐个地去试除 n,看它能否被 n 整除.如果能够整除,就记录下其除数和商,此时再对该商作一个质性检验.如果该商不是质数,需要用它作为被除数,再继续与上完全相同的、新的一轮的试除法(这完全是一个简单的、周而复始的、递归的过程).如法炮制,一直到新的商是质数为止.至此,n 就被完全质因数分解了,所得之各除数和最后一个商便为 n 的所有质因数.现以质因数分解 385 为例(图 2.1).由于 385 为

奇数,因此从质数3开始. 由于 3 不能整除 385,
跳到质数 5,此时 5 能整除 385,故得除数 5 和
商 77. 由于商 77 还是合数,因此必须用完全类
似的试除方法再去分解 77. 此时,最小可以整除
77 的质数是 7,因此得到新的除数 7 和新的商
11. 由于这个新的商 11 是个质数,故分解结束、
大功告成. 在图 2.1 中,每一个"试除法"都对应
着一个在小学二、三年级就熟悉的"长除法". 将
这些"长除法"综合并简写一下,就得到刚讲解
过的"短除法"(图 2.2 左边为短除法示意图,右
边是与之相应的因数分解树示意图). 最后,将
所得之除数和最后一个商连乘起来,就得到 385
的质因数分解式,即 $385 = 5 \cdot 7 \cdot 11$. 至此,读者
可能会问:质因数分解完全就是一个小学生的
问题,值得用一本书来介绍这个问题吗? 这本
书是不是有点太简单、太浅显、太没趣了? 确
实,质因数分解是一个小学生的问题,但鲜为人
知的还是它同时也是一个大数学家的难题. 刚
介绍的用短除法来分解 385 之所以有效,完全
是因为 385 这个数很小(才 3 个十进制位). 当
欲被分解的整数 n 很大时,任何训练有素的数
学家和计算机科学家、任何巨型计算机都无能
为力. 不光是整数分解问题,数论中的很多其他

问题,包括著名的"哥德巴赫猜想"(任何一个大于 2 的偶数,都可以表示成两个质数之和,如 $4=2+2,6=3+3,8=3+5$ 等),都可以认为是小学生的问题,因为任何一个小学三、四年级的学生都可以理解这些问题.当然,能够理解这些问题并不意味着能够解决这些问题.这就犹如在地球上看月亮,任何一个眼睛没有问题的人

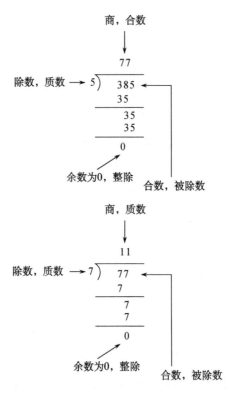

图 2.1　短除法质因数分解 385 示意图

都可以看得见月亮,但能看得见月亮并不意味着了解月亮,尤其并不意味着能到月亮上去.所以"整数分解"和"嫦娥奔月"等都是一类看起来简单做起来难的事情!

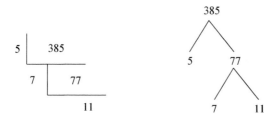

图 2.2　短除法(分解树)质因数分解 385 示意图

短除法还有一个重要的功能,就是可以用来计算整数 a 和 b(不能全为零)的最大公约数(简记为 $\gcd(a,b)$).将 d 称为 a 和 b 的最大公约数,如果它既是 a 的约数,也是 b 的约数,并且还是 a,b 的所有约数中的最大的一个约数.例如,

$$1,3,37,111$$

都是 111 的约数,而

$$1,3,9,37,111,333$$

又都是 333 的约数,因此 $\gcd(111,333)=111$,因为 111 是 111 和 333 的最大公约数.当然,1, 3,37 也都是 111 和 333 的公约数,但不是最大

的公约数. 如果 $\gcd(a,b)=1$, 就称 a 和 b 互质.

应用短除法计算 $\gcd(a,b)$, 一般是用 a 和 b 的公共质因数连续去除, 直至所得之商互质为止, 然后再将所有除数(即公共的质因数)连乘起来即可. 如果再将所有除数以及最后两个互质的商也一块全部连乘起来, 那么就得到 a 和 b 的最小的公倍数, 记作 $1cm(a,b)$. 当然, 在除的过程中, 有时也可用两个数的公约数(不必是公共的质因数)去除. 图 2.3 给出了计算 $\gcd(36,54)$ (包括 $lcm(36,54)$)的 3 个等价过程:

$$\gcd(36,54)=2 \cdot 3 \cdot 3 \qquad lcm(36,54)=2 \cdot 3 \cdot 3 \cdot 2 \cdot 3$$
$$=6 \cdot 3 \qquad\qquad\qquad =6 \cdot 3 \cdot 2 \cdot 3$$
$$=2 \cdot 8 \qquad\qquad\qquad =2 \cdot 8 \cdot 2 \cdot 3$$
$$=18 \qquad\qquad\qquad\quad =108$$

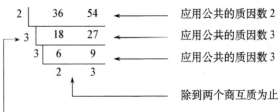

图 2.3　短除法计算 $\gcd(36,54)=18$ 的示意图

当然,一旦 $\gcd(a,b)$ 被算出来,$\text{lcm}(a,b)$ 也就算出来了,因为

$$\text{lcm}(a,b) = \frac{ab}{\gcd(a,b)}.$$

思考/科研题二

(1) [思考题] 设计一个"短除法"的整数分解程序,并在计算机上质因数分解 12345678987654321 这个 17 位的整数.

(2) [科研题] 质因数分解如下这个 212 位(704 个二进制位)的整数:

74037563479561712828046796097429573142593188889
23128908493623263897276503402826627689199641962511 7
84399589433050212758537011896809828673317327310893 0
90055250511687706329907239638078671008609696253793 4
650563796359

这个数有 2 个质因数. 你要能分解这个数,美国 RSA 数据安全公司将发给你 3 万美元奖金.

3 中华神算、制胜出奇

使用第 2 节介绍的短除法(实际上是一种试验性的试除法)来计算 $\gcd(a,b)$,有一个致命的缺点,就是当 a,b 超过 20 位(十进制位)时,基本上就没有什么实用价值了. 所幸的是,2000 年前的古希腊数学家欧几里得就创立了一种实用快速的计算 $\gcd(a,b)$ 的方法,现通称为欧几里得算法,其过程如下:

$$
\begin{cases}
a = bq_0 + r_1, & 0 < r_1 < b, \\
b = r_1 q_1 + r_2, & 0 < r_2 < r_1, \\
r_1 = r_2 q_2 + r_3, & 0 < r_3 < r_2, \\
r_2 = r_3 q_3 + r_4, & 0 < r_4 < r_3, \quad (3.1) \\
\quad \vdots & \qquad \vdots \\
r_{n-2} = r_{n-1} q_{n-1} + r_n, & 0 < r_n < r_{n-1}, \\
r_{n-1} = r_n q_n + 0,
\end{cases}
$$

那么最后一个非零的余数 r_n 就是 a 和 b 的最大公约数,即

$$\gcd(a,b) = r_n. \qquad (3.2)$$

由于欧几里得算法可以很快速地将 $\gcd(a,b)$ 计算出来,因此,如果只是计算 $\gcd(a,b)$,完全可以避开质因数分解这个"拦路虎",自然也就不必应用"短除法"了. 鲜为人知的是,中华民族的先哲在《九章算术》(我国古代算经十书中最重要的一种,最迟在公元 1 世纪已有了现传的版本),就已经与欧几里得平行地、独立地发明创造了更适合于在计算机上计算 $\gcd(a,b)$ 的"更相减损术"以及自然引申的"两分欧几里得算法"."两分欧几里得算法"与"欧几里得算法"无关,从欧几里得算法并推不出两分欧几里得算法;两分欧几里得算法是中华民族先哲的创造发明(关于这一点,作者在 *Cryptanalytic Attacks on RSA* 一书中有详细的论述). 因此,"两分欧几里得算法"应该更名为"中华更相减损算法",以此与"中国剩余定理(孙子定理)"平行对应、交相辉映. 欧几里得算法虽是有效的(efficient)但不是最优的(optimal),而中华更相减损算法不仅有效,而且非常优化. 下面给出的这个算法,则是中华更相减损术的一种现代

029

描述：

算法 3.1(中华更相减损算法) 给定整数 a 和 b，使得 $a > b > 0$. 本算法不用乘、除运算就计算出 $\gcd(a, b)$(当然用了连续除以 2 的运算，但在计算机上，以 2 为除数的除法和加减法一样简单，因为它可通过简单的移位操作来实现).

(1) 令 $t = |a - b|$. 如果 $t = 0$，输出 a(此 a 乃为所求之 $\gcd(a, b)$)，终止算法；

(2) 当 t 为偶数时，连续运算 $t \leftarrow t/2$ 直至 t 不是偶数为止，即

$$\text{while even}(t)\,\text{do}\ t \leftarrow t/2;$$

(3) 如果 $a \geqslant b$ 则 $a = t$，否则 $b = t$. 转步骤 (1).

这个算法在国外被称为"两分欧几里得算法"，其实它就是"中华更相减损术". 因为它与欧几里得算法并没有联系，反而与中华更相减损术一脉相承. 中华更相减损算法的最大特点是它比欧几里得算法更适合于在计算机上作快速计算. 应用"中华更相减损算法"计算 $\gcd(1633, 713)$. 其计算结果如表 3.1 所示.

表 3.1

a	b	t
1633	713	920,460,230,115
115	713	598,299
115	299	184,92,26,23
115	23	92,46,23
23	23	0

因此, gcd (1633,713) = 23. 就计算 gcd (1633,713)这个具体例子,将"中华更相减损算法"与"欧几里得算法"作个比较

$$1633 = 713 \cdot 2 + 207,$$
$$713 = 207 \cdot 3 + 92,$$
$$207 = 92 \cdot 2 + \boxed{23},$$
$$92 = 23 \cdot 4 + \underline{0}.$$

可能会发现,"中华更相减损算法"似乎用了比"欧几里得算法"更多的运算步骤,但"中华更相减损算法"只用了加减而没有用乘除运算(以2为除数的运算并不算作除法运算,因为在计算机上它和加减法一样容易),所以"中华更相减损算法"要远优于"欧几里得算法",并且更容易在计算机上操作. 从这点以及从下面即将介绍的孙子定理来看,中华民族的先哲简直就是最

优秀的计算机科学家,尽管那时还没有计算机.
"中华更相减损算法"的另一大特点,就是它非常适合于计算两个以上的整数的最大公约数,这可以从下面的计算见其优势:

$$\gcd(1008,1260,882,1134)$$
$$= \gcd(1008-882,1260-1143,$$
$$882,1134-882)$$
$$= \gcd(126,126,882-126 \cdot 6,292-126)$$
$$= \gcd(126,126,126,126)$$
$$= 126.$$

在我国的古算书《孙子算经》中有这么一个问题:今有物不知其数,三三数之余二,五五数之余三,七七数之余二. 问物几何? 用现代数论的语言来说,就是要求下列联立同余方程组的整数解:

$$\begin{cases} x \equiv 2(\bmod\ 3), \\ x \equiv 3(\bmod\ 5), \\ x \equiv 2(\bmod\ 7). \end{cases}$$

《孙子算经》中给出了其算式与结果

$$x = 70 \cdot 2 + 21 \cdot 3 + 15 \cdot 2 - 2 \cdot 105 = 23.$$

这是数论中的一个十分重要的结果,它可以很自然地推广到一般的联立同余方程组上

$$\begin{cases} x \equiv a_1 (\bmod\ m_1), \\ x \equiv a_2 (\bmod\ m_2), \\ \qquad\vdots \\ x \equiv a_n (\bmod\ m_n), \end{cases} \qquad (3.3)$$

其通解为

$$x \equiv \sum_{i=1}^{n} a_i M_i M'_i (\bmod\ m), \qquad (3.4)$$

其中,

$$\begin{cases} m = m_1 m_2 \cdots m_n, \\ M_i = \dfrac{m}{m_i}, \\ M'_i = M_i^{-1} (\bmod\ m_i), \end{cases} \qquad (3.5)$$

$i = 1, 2, \cdots, n$. 国外将这个结果尊称为"中国剩余定理". 也许连老祖宗在发明这个定理时都没有想到,他们发明的这个结果为子孙后代留下了一份十分丰厚的遗产,并会在信息化时代的今天大有作用. 今天,孙子定理在计算机软硬件设计、快速计算、信息查询、密码设计等许多领域中发挥着重要的作用. 大家知道,计算机是一种有限的计算装置,其计算时间有限,内存容量有限,但是数(如质数)是无限的,计算的问题也是无限的. 如何用有限的容量、有限的资源来存储无限的数据或特大的数据;如何将一个难解的大问题化成易解的小问题,从而可以分布、并行地处理众多的小问题.这正是孙子定理的用武之地.孙子定理的基本思想就是化整为零、化大为小、化难为易,但最后还能回到全局上、解决整个的问题.中华民族的典故"曹冲称象",就是孙子定理在社会实践中的一个成功应用.孙子定理的这种化整为零、化大为小、化难为易的思想,正是现代计算机科学梦寐以求的目标.因此,从这个观点看,孙子就是一个杰出的计算机科学家,尽管那时还没有计算机.这真可谓是化整为零是妙方、中华神算天下扬.

下面举一个计算机科学中的一个实际例子.假定要计算 $z=x+y=123684+413456$,可是计算机的字长,如只容许处理 100 以内的数(当然,这只是一个小例子,但麻雀虽小,五脏俱全;计算机再大,其字长也是有限的).应孙子定理,这个问题就很容易解决,因为:

(1)一般并不对这些数的本身进行运算,而是对其余数进行运算,而余数总是比原来的数要小得多.因此,存起来方便,算起来容易.

(2)总是将一个大的算式化成很多很小的、相互独立的算式,这样就可以对这些相互独立的算式进行分布、并行计算,从而大大提高其运算速度.

具体的运算如下:

首先将大算式化成若个小算式

$$x \equiv 33 (\mathrm{mod}\ 99), \quad y \equiv 32 (\mathrm{mod}\ 99),$$
$$x \equiv 8 (\mathrm{mod}\ 98), \quad y \equiv 92 (\mathrm{mod}\ 98),$$
$$x \equiv 9 (\mathrm{mod}\ 97), \quad y \equiv 42 (\mathrm{mod}\ 97),$$
$$x \equiv 89 (\mathrm{mod}\ 95), \quad y \equiv 16 (\mathrm{mod}\ 95),$$

使得

$$\begin{cases} z = x + y \equiv 65 (\mathrm{mod}\ 99), \\ z = x + y \equiv 2 (\mathrm{mod}\ 98), \\ z = x + y \equiv 51 (\mathrm{mod}\ 97), \\ z = x + y \equiv 10 (\mathrm{mod}\ 95). \end{cases} \tag{3.6}$$

然后用孙子定理来求解

$$x + y\ \mathrm{mod}\ 99 \cdot 98 \cdot 97 \cdot 95.$$

注意到式(3.6)的解为

$$z \equiv \sum_{i=1}^{4} M_i M_i' z_i (\mathrm{mod}\ m),$$

其中,

$$m = m_1 m_2 m_3 m_4,$$

$$M_i = \frac{m}{m_i}$$

$$M_i' M_i \equiv 1 (\mathrm{mod}\ m_i),$$

$i = 1, 2, 3, 4.$ 现在有

$$M = 99 \times 98 \times 97 \times 95 = 89403930$$

及

$$M_1 = \frac{M}{99} = 903070,$$

$$M_2 = \frac{M}{98} = 912285,$$

$$M_3 = \frac{M}{97} = 921690,$$

$$M_4 = \frac{M}{95} = 941094.$$

下一步是要对 $i = 1, 2, 3, 4$ 求解 M_i'. 具体如下：

$$903070M_1' \equiv 91M_1' \equiv 1(\bmod 99),$$
$$912285M_2' \equiv 3M_2' \equiv 1(\bmod 98),$$
$$921690M_3' \equiv 93M_3' \equiv 1(\bmod 97),$$
$$941094M_4' \equiv 24M_4' \equiv 1(\bmod 95).$$

这样就得到

$$M_1' \equiv 37(\bmod 99),$$
$$M_2' \equiv 38(\bmod 98),$$
$$M_3' \equiv 24(\bmod 97),$$
$$M_4' \equiv 4(\bmod 95).$$

因此得到

$$x + y \equiv \sum_{i=1}^{4} z_i M_i M_i'(\bmod m)$$

$$\equiv 65 \cdot 903070 \cdot 37 + 2 \cdot 912285 \cdot 33$$

$$+ 51 \cdot 921690 \cdot 24 + 10 \cdot 941094$$

$$\cdot 4 (\mathrm{mod}\ 89403930)$$

$$\equiv 3397886480 (\mathrm{mod}\ 89403930)$$

$$\equiv 537140 (\mathrm{mod}\ 89403930)$$

由于 $0 < x + y = 537140 < 89403930$,因此断定 $x + y = 537140$ 就是其正确解.

中国是数学的故乡,中华民族的先哲是世界上最优秀的数学家和计算机科学家. 他们前赴后继、世代相传,既创造了灿烂的古代文明,也为现代科学技术,包括现代数学与计算机科学技术的发展作出了巨大的贡献,同时也为后代子孙留下了一份十分丰厚的历史文化遗产. 作为一个同时从事数学与计算机科学的研究人员,感到非常奇怪的是,在整数分解这一古老的研究领域里,居然没有祖先的工作. 国内和国外几乎所有数学史书都说中国古代"没有质数和质因数分解的概念",并且都说中国研究质数的第一人是李善兰(1811~1882). 本书作者相信这绝不会是真的,我们中华民族的先哲至少在公元 1 世纪前就有了质数的概念,并且有了检验质数的方法(稍后要介绍中国古代的质数检验算法). 例如,从中华民族的先哲解算联立同

037

余方程组的技巧(也就是"孙子定理")来看,就必须要用到"互质"的概念,而互质的概念本身就已经隐含了质数的概念.其实,质数还有很多别的名字,如素数、不可约数、既约数、根数等,也许先哲们用了一个别的名字或符号来表示质数.所有这些,都需要我国的数学史专家从史书中去挖掘、去发现.

思考/科研题三

（1）[思考题]　假定 m_1, m_2, m_3 两两互质,即 $\gcd(m_1, m_2) = \gcd(m_1, m_3) = \gcd(m_2, m_3) = 1$. 再假定 a_1, a_2, a_3 为任意整数. 证明在区间 $0 \leqslant x \leqslant m_1 m_2 m_3$ 中,只有唯一的一个解满足下列联立方程组:

$$\begin{cases} x \equiv a_1 (\mathrm{mod}\ m_1), \\ x \equiv a_2 (\mathrm{mod}\ m_2), \\ x \equiv a_3 (\mathrm{mod}\ m_3). \end{cases}$$

注:这道题是"孙子定理"的一个简单例子.从这道题的证明中不难推出,祖先应该是有质数,尤其是有整数分解的概念的,否则不能保证其解唯一."孙子定理"的基本思想就是"化整为零、化大为小、化难为易",而这正是"整数分解"

的基本思想.因此,怎么能说中国古代没有"整数分解"的概念呢?

(2)[科研题] 根据算术基本定理,任何一个大于1的正整数 n 均可唯一地表成如下的分解式:

$$n = p_1^{\alpha_1} p_2^{\alpha_2} \cdots p_k^{\alpha_k} = n_1 n_2 \cdots n_k.$$

假定 $x \in \mathbb{Z}_n$ 且

$$\begin{cases} x \equiv a_1 (\mathrm{mod}\ n_1), \\ x \equiv a_2 (\mathrm{mod}\ n_2), \\ \quad\vdots \\ x \equiv a_k (\mathrm{mod}\ n_k), \end{cases}$$

则

$$(a_1, a_2, \cdots, a_k)$$

$$= (x\ \mathrm{mod}\ n_1, x\ \mathrm{mod}\ n_2, \cdots, x\ \mathrm{mod}\ n_k)$$

被称为 x 的剩余表示.显然,x 模 $n_1, n_2, \cdots, n_k$ 的剩余表示是唯一的(当然,反之不真).这也就是说,给定 $x \in \mathbb{Z}_n$,总能找到 x 在模$(n_1, n_2, \cdots, n_k)$下的唯一剩余表达式.例如,如果

$$x = (x\ \mathrm{mod}\ 3, x\ \mathrm{mod}\ 5, x\ \mathrm{mod}\ 7) = (1, 3, 5),$$

则 $x = 103$.这样,应用孙子定理,关于 x 的运算总能在其剩余表达式上运算(在本节中给出的 $x + y$ 的例子,实际上就是在其剩余表达式上进

039

行的).现在来研究如何应用孙子定理设计一种可纠错的编码体制.假定 x 为编码前的原码(不具纠错功能),

$$x < p_1^{\alpha_1} p_2^{\alpha_2} \cdots p_k^{\alpha_k} = n_1 n_2 \cdots n_k,$$

其编码后的码子 y 为(具有纠错功能)

$$y = (a_1, a_2, \cdots, a_t) = (x \bmod n_1,$$
$$x \bmod n_2, \cdots, x \bmod n_t), \quad k < t.$$

为方便起见,将 $a_1, a_2, \cdots, a_t$ 称作 y 的坐标,然后再传输 y.现假设 y 在传输过程中,有 e<$(t-k)/2$ 个坐标出错.应用孙子定理证明存在整数 x,其相应的编码 y 与出错的 y' 不同之处至多不超过 e(这也就是说 y' 中的错误都能检测、纠正过来).

(i) 假定诸 n_i 相差都不大,设计一种快速的纠错码(error-correction code)的算法.

(ii) 假定诸 n_i 之值是任意的,也设计一种快速的纠错码的算法.

4 库克论题、辨别难易

　　数论中的很多问题都有一个基本的特点，就是看起来似乎很容易，但解起来却是相当的困难.这里有一个关键性的问题:什么叫困难?什么算困难? 中国人认为很困难的事,美国人可能认为很容易;同样,美国人认为很困难的事,中国人又可能认为很容易.因此,对于一个数学问题,必须要有一个严格的、精确的、统一的度量和标准.否则,公说公有理,婆说婆有理,谁也说服不了谁.

　　1900 年,德国天才数学家希尔伯特(1862～1943)在法国巴黎举行的世界数学家大会上,一口气列出了 23 个数学难题,其中,第

希尔伯特

10 个问题(称之为希尔伯特第十问题,简记作 H10)实际上就是一个与计算有关的问题.应用现代数学与计算的语言,这个问题可以简述如下:"给定任意一个整系数的多变量代数方程 $f(x_1, x_2, \cdots, x_n) = 0$,问有没有一种算法,由该算法能够知道这个方程有没有整数解".注意,此处仅关心所给定的代数方程是不是有整数解,至于它的解具体是什么并不关心.更形式一点,希尔伯特第十问题可以被定义成一个只有肯定(是)或否定(不是)答复的"判定问题"(decision problem)

$$\text{H10} \stackrel{\text{def}}{=\!=} \begin{cases} \text{输入,} \quad f(x_1, x_2, \cdots, x_n) = 0, \\[2mm] \text{输出} \begin{cases} \text{是,如果 } f(x_1, x_2, \cdots, x_n) = 0 \\ \text{有整数解,} \\ \text{不是,否则.} \end{cases} \end{cases}$$

例如,下面就是 3 个这种形式的问题:

(1) $x^2 + y^2 = z^2$ 有整数解吗? 有.$(3, 4, 5)$ 就是它的一组最小正整数解.

(2) $x^3 + y^3 = z^3$ 有整数解吗? 没有.

(3) $x^3 + y^3 + z^3 = 33$ 有整数解吗? 不知道,也许有,也许没有,但至少是目前不知道!

一般地,将形如 $f(x_1, x_2, \cdots, x_n) = 0$ 的、整系数的、寻求其整数解的方程称为不定方程.在国外,这种方程被称作丢番图方程(Diophantine equation),以纪念古希腊数学家丢番图(Diophantus,公元 200~284 年间)在这方面的工作.其实,要论对不定方程的贡献,首推中华民族的先哲,名扬世界的勾股定理、孙子定理,都是在求解不定方程(组)方面最杰出的工作.中国民间流传甚广的"百钱买百鸡"(100 块钱买100 只鸡,公鸡 5 块钱一只,母鸡 3 块钱一只,小鸡一块钱 3 只.问公鸡、母鸡和小鸡各为多少只才合适),实际上就是一个求解不定方程的问题.从现代计算理论的观点看,希尔伯特实际上是在问:给定任意一个不定方程,存不存在着一种"算法",该算法能告诉我们该不定方程有没有解.尽管算法(algorithm)的概念早就有了,如2000 年前发明的欧几里得算法就是一例,事实上英文的算法(algorithm)就是起源于伊朗数学家花拉米子(al-Khwarizmi,公元 780~850 年)的名字的,因为大家认为他是最早研究算法的人.当然,略通中国古算史的人都知道,中华民族的先哲,如孙子、祖冲之、杨辉、秦九韶等,都堪称是算法研究的老祖宗,并且我们中国的古算书,基本上都是以算法(算经)为名的,如《周髀算经》、《孙子算经》等.当然,究竟什么是算法？什么不是算法？什么可以计算？什么不可以计算？什么问题可解？什么问题不可解？当时人们并没有一个统一的、精确的定义，因此连希尔伯特本人都没有、也不可能想到，他的这个"简短"的问题居然引起了当代计算机科学的一场"革命"．在希尔伯特提出这个问题时，他本人其实还是认为这个问题是可解的．

图灵

1936 年，年仅 24 岁的英国天才数学家图灵（1912～1954）在研究希尔伯特的"判定问题"时，发表了一篇盖世奇作《论可计算的数及其在判定问题中的应用》．在这篇文章里，图灵首次提出一种简单通用、抽象性极强的计算模型，现通称为"图灵机"．这种神奇的机器简直就是一块"试金石"，用它可以很方便地判断出什么问题可以计算、什么问题不可以计算、什么是计算、什么不是计算．就这一篇文章，就基本上奠定了整个现代计算机科学技术的理论基础，尽管图灵在提出他的理论的时候，电子计算机还没有诞生（世界上第一台电子数字计算机 ENIAC 于 1946 年在美国宾西法尼亚大学建造成功）．就是时至今日，电子计算机就像孙悟空有七十二变一样,已经经历过了很多代的变化和飞跃,但计算机科学的理论却一步也没有逃脱出图灵机这个"如来佛的手掌". 这也就是说,不管现代的巨型计算机、网格计算机、计算机网络功能多么强大,内存多么丰富,运算多么快速,图灵机解算不了的问题,它们也绝对解算不了. 更为称绝的是,只要这些计算机能解决的问题,图灵机也一定能解决,顶多不过在时间上有差异而已. 到目前为止,人们还没有找到一个可以在巨型机上计算而不能在图灵机上计算的反例. 换句话说,图灵机和任何功能强大的计算机(包括量子计算机)都是等价的. 这就是著名的"图灵论题",其核心是:图灵可计算就是能行(effective)可计算;任何一个能行过程,都对应着一个图灵机,对应着一个算法.

不过,人们早期关于计算理论的研究,包括图灵本人,主要是从可计算性(computability)的角度入手,以确定什么样的函数或问题可以在图灵机上计算、什么样的函数或问题不可以在图灵机上计算. 例如,应用图灵机的理论,希尔伯特第十问题可以被证明是不可解的,也即世界上根本就不存在这样一个算法(图灵机),给定一个不定方程,该算法就能告诉你这个不定方程有没有解.随着计算理论的深入发展和广泛应用,人们发现仅研究可计算性的理论还不够,还必须要研究计算复杂性(complexity)的理论.这也就是说,不仅要研究什么问题可以在图灵机上计算,更要研究这个计算需要多长时间才能在图灵机上完成.图灵本人的原始思想并不考虑计算所需的时间和空间,并认为时间和空间可以是无限的,只要能解决所求的问题就行,至于求解这个问题需要多少时间和空间,并不在乎(这正是可计算性理论的核心).例如,一个问题虽然可在图灵机上进行计算,但需要运行10亿年时间才能出一个结果.显然,这种计算只有理论上的意义而无任何实际上的意义.因此,可计算性理论实际上仅涉及理论上的可计算性,而计算复杂性理论则涉及实际上的可计算性.至于什么是实际上的可计算、什么是实际上的不可计算,也必须要有一个大家公认

库克

的"度量"和"尺度",这样就导出了"多项式图灵机"和"多项式时间复杂性".以库克(Cook)为首的一批理论计算机科学家认为(注意,只是"认为"而没有"证明",故被称为"库克论题".在这

里,"论题"有点类似于物理学中的"定律"):如果一个问题可以在(确定型的)图灵机上用多项式时间得到解决,那么就认为这个问题是"实际上可计算的",否则就是"实际上不可计算的"(尽管在理论上是可计算的,因为理论上可计算并不等于实际上可计算).如果说"图灵论题"是判别可计算性与不可计算性的"试金石"的话,那么"库克论题"就是判别难解性与易解性的"试金石".

图灵机有确定型(deterministic)与非确定型(non-deterministic)两种计算模式,因此对于多项式时间复杂性而言,也有相应的确定型的多项式时间复杂性(P)和非确定型的多项式时间复杂性(NP)两种.对于 NP 问题而言,其最坏情况下的计算复杂性并不在 P 内,而在指数时间复杂性 EXP 内.因此人们猜测 $P \subset NP$,也即 $P \neq NP$.为了能够更好地理解和研究 P 和 NP,库克定义了一类被称之为 NP 完备问题(NP-complete problem,NPC):说 $L \in NPC$,如果它满足下列两个条件:

(1) $L \in NP$;

(2) 对每一个 $A \in NP, A \leqslant_p L$,

其中,$A \leqslant_p L$ 表示 A 可以在多项式时间内归约

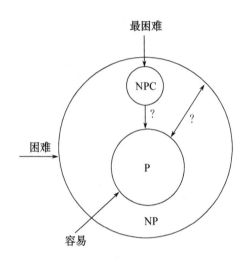

图 4.1　P 对 NP 的关系示意图

到 L 上. 如果 L 仅满足条件(2)而不满足条件 (1),就将它称为一个 NP 困难问题(NP-hard problem). 库克的一个主要贡献就是找出了一个 NPC 的例子,即所谓的可满足性问题 (SAT),并且证明了所有的 NPC 问题都具有相同的性质、相同的难度,并且都可在多项式时间内归约到 SAT 上. 只要 SAT 能在多项式时间内得到解决,所有的 NPC 问题都可在多项式时间内得到解决(或者说只要一个 NPC 问题能在 P 内解决,所有的 NPC 问题都可在 P 内得到解决). 这也就是说 P=NP. 可是,现在的问题是并不能证明 $\mathrm{SAT} \in \mathrm{P}$ 或 $\mathrm{SAT} \notin \mathrm{P}$,所以根本就不知道P等不等于NP. $P \overset{?}{=} NP$ 是当今计算机科学中的最重要的一个难题,也是21世纪7个"千禧数学难题"中的第1个难题,奖金为100万美元.难怪有人会戏笑说:如果 $P \overset{?}{=} NP$ 能被解决,全世界的数学家要放假3天,已示庆贺!

数论里边的很多计算问题,都属于 NP 而不属于 P(尽管没有人能证明它们一定是NPC),因此都只能在指数复杂性时间内得到解决.换句话说,数论里的很多问题,虽然都是难解性问题,但并不能证明它们一定是难解的,这也就是说,对这些问题的计算复杂性一无所知!当然,由于 P 不仅是 NP、同时也是 EXP(指数复杂性)中的一个子集,因此 NP 和 EXP 中的很多问题还是可以很容易被解决的.数学中的许多其他问题,如旅行商问题(traveling salesman problem,TSP),知道它很难,并且也可以证明它确实很难,因为可以证明它是一个 NPC 问题(即 TSP∈NPC).但是,对于数论中的很多问题,如整数分解问题(IFP),只知道它很难,但并不能证明它确实很难,也不知道它们为什么很难,甚至不能像 TSP 那样确定 IFP 的计算复杂性,这也就是说根本没有办法证明或反驳 IFP∈NPC.为什么会出现这种情况呢?关键的

049

原因是人们对"整数"的了解太少、太肤浅、太片面.德国著名数学家 Kronecker(1823～1891;希尔伯特的博士导师)曾经说过:正整数是神创造的,其余的数才是人创造的.尽管 Kronecker 说得有点玄乎,但人们对正整数的了解确实很肤浅则是一个不争的事实.

　　作为本节的结束,来总结一下各类有关的计算问题(图 4.2):

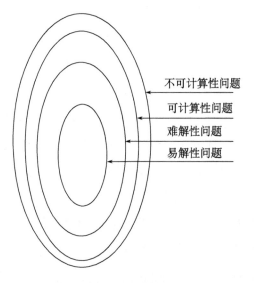

图 4.2　各种计算问题的可解性和难易性示意图

　　(1) 说问题 T 是不可计算或不可判定(uncomputable/undecidable)的问题,就是说不存在一个图灵机(算法)来求解这个问题.比如希尔伯特第十问题,就是一个不可解/不可判定的问题.

(2)说问题 T 是可计算或可判定(computable/decidable)的问题,就是说存在一个图灵机(算法)来求解这个问题,至于这个图灵机需要用多少时间(如是多项式复杂性时间、指数复杂性时间,还是阶乘复杂性时间)或多少空间(存储容量)来完成这项任务,则不关心,也没有关系.根据图灵论题,只要能在图灵机上解算的问题,就是可计算性的问题,否则就是不可计算性的问题.

(3)说问题 T 是一个在计算上难解(intractable/infeasible)的问题,就是说虽然存在一个图灵机(算法)来解决这个问题,但这个图灵机不能在(确定性的)多项式时间(P)内解决这个问题.例如,整数分解问题就是一个难解性的问题(尽管目前还没有人能证明它确实是一个难解性的问题).所有 NPC 问题(如 TSP 问题)都是(已被证明了的)难解性的问题.

(4)说问题 T 是一个易解性(tractable/feasible)的问题,就是说存在着一个能在多项式时间(P)内求解这个问题的图灵机(算法).例

051

如,整数的加减乘除四则运算,就都是易解性的问题.

至此,可解性的判定、难易性的辨别,就泾渭分明、一目了然了!

思考/科研题四

(1) [思考题] 所谓的旅行商问题(TSP),可以定义如下:假定有 n 个城市 $c_1, c_2, \cdots, c_n$ 和一个 $n \times n$ 的矩阵 $\boldsymbol{D}$,使 D_{ij} 为从 c_i 到 c_j 的距离. TSP 问题就是要确定出一条最短的、每个城市仅经过一次的旅行路径(当然最后要返回到原始出发的那个城市). 请证明 TSP 是一个 NP 完全问题.

(2) [科研题] 证明或反驳整数分解问题是一个 NP 完备性问题,即 IFP $\in$ NPC 或 IFP $\notin$ NPC. 进而,证明或反驳 P = NP(7 个"千禧数学问题"之一. 如果你能证明或推翻 P = NP,美国 Clay 数学研究所将发给你 100 万美元奖金).

5

质数分布、深刻神秘

整数分解难解性的症结在于正整数中质因数的分布没有任何规律可循. 例如, 对于 2008～2017这 10 个互邻的正整数,其质因数分解式就没有任何规律可循

$$2008 = 2^3 \cdot 251,$$
$$2009 = 7^2 \cdot 41,$$
$$2010 = 2 \cdot 3 \cdot 5 \cdot 67,$$
$$2011 = 2011,$$
$$2012 = 2^2 \cdot 503,$$
$$2013 = 3 \cdot 11 \cdot 61,$$
$$2014 = 2 \cdot 19 \cdot 53,$$
$$2015 = 5 \cdot 13 \cdot 31,$$
$$2016 = 2^5 \cdot 3^2 \cdot 7,$$
$$2017 = 2017.$$

更一般地讲,质数在正整数中的分布没有规律可循.因此要分解 n,只能一个一个地去试除 n 所有可能的因数,这样所需的计算复杂性显然就是毫无实用价值的指数复杂性.当然确实是有很多比试除法更深刻、更快速,并且是垂手可得的算法,但所有这些算法的复杂性仍然不在多项式时间内而在指数时间内,因此它们还是用处不大.关于这一点,也是很多人都搞不明白.例如,连 1965 年诺贝尔物理奖得主费恩曼(Richard Feynman)都在其名著 *Lectures on Computation*(计算讲义)(Addison-Wesley 出版社,1997 年第二版第 91 页)中都这样说:"我给你一个数 m,并告诉你它是两个质数的乘积 $m=pq$.你必须找出 p 和 q.这个问题至今仍然没有能行过程,事实上它构成了一种密码体制的安全性的基础(I give you a number m, and tell you that it is the product of two primes, $m=pq$. You have to find p and q. This problem *does not have an effective procedure* as yet, and it in fact forms the basis of a coding system)".略有一点计算理论知识的人都知道,所谓"能行过程(effective procedure)",就是图灵机、就是算法,并且费恩曼自己在他的书中也是这么解释的. 注:我国老一辈数学家,如莫绍揆等将 effective 译成"能行性",非常合适. 那么费恩曼错在何处呢? 费恩曼错就错在他把可计算性的概念和计算复杂性的概念混为一谈了. 事实上,要将 m 分解成 pq,不是没有算法,而是有很多的算法,只不过是没有快速的算法而已! 驰名于世的匈牙利数学家 Erdös(1913~1996) 曾经说过:"人们至少还需要数千年时间才能了解质数". 这也就是说,目前对质数的了解是很有限、很肤浅、很片面的. 可以这么认为:质数的分布就像是乱山岗上的杂草,东一根,西一根,来无影、去无踪,很难掌握到它的规律性,从而给整数分解带来极大的困难. 读者要是不太相信这个基本事实,可以来看一些例子. 首先来考察一下 100 以内的所有质数(一共有 25 个)

2,3,5,7,11,13,17,19,23,29,31,37,41,43,

47,53,59,61,67,71,73,79,83,89,97.

通过考察这个短短的质数序列,不难发现有关质数分布的很多有趣性质和很多困难问题.

质数定理 质数在开始的时候还是很稠密的,但越往后越稀少,并且可以证明几乎所有的正整数都不是质数而是合数,即

$$\lim_{x \to \infty} \frac{\pi(x)}{x} = 0,$$

其中，$\pi(x)$ 表示到 x 为止的所有质数的个数. 但尽管如此，质数又是不会被穷尽的，也即

$$\pi(x) = \infty.$$

欧几里得在其《几何原本》里采用相当巧妙的"反证法"证明质数有无穷多个. 其证明的过程如下：先假定质数的个数是有限的，并且 $p_1, p_2, \cdots, p_k$ 就是这些所有的质数. 现在将这所有的质数相乘并加一，从而得到 $p_1 p_2 \cdots p_k + 1$. 如果这个数是质数，说明得到了一个新的质数，这与"质数的个数是有限的"的假设自相矛盾. 如果 $p_1 p_2 \cdots p_k + 1$ 为合数，那么它必有一个质因数 q，即 $q \mid (p_1 p_2 \cdots p_k + 1)$. 如果 q 为 $p_1, p_2, \cdots, p_k$ 中间的一个质数，则 $q \mid p_1 p_2 \cdots p_k$. 显然，既要求 $q \mid (p_1 p_2 \cdots p_k + 1)$ 又要求 $q \mid (p_1 p_2 \cdots p_k + 1)$ 是不可能的事情. 因此，质数的个数必定是无穷的. 高斯在他 15 岁时，通过对 10 万以内的质数进行大量的分析和比较，发现

$$\lim_{x \to \infty} \frac{\pi(x)}{x/\ln x} = 1.$$

这就是著名的"质数定理". 这个定理的正确性很容易从计算上得到验证(表5.1).

表 5.1 $\pi(x)$ 和 $x/\ln x$ 之值的比较

x	$\pi(x)$	$x/\ln x$	$\dfrac{\pi(x)}{x/\ln x}$
10^1	4	4.3⋯	0.93⋯
10^2	25	21.7⋯	1.152⋯
10^3	168	144.8⋯	1.16⋯
10^4	1229	1085.7⋯	1.13⋯
10^5	9592	8685.8⋯	1.131⋯
10^6	78498	72382.5⋯	1.084⋯
10^7	664579	620420.5⋯	1.071⋯
10^8	5761455	5428680.9⋯	1.061⋯
10^9	50847534	48254942.5⋯	1.053⋯
10^{10}	455052511	434294481.9⋯	1.047⋯
10^{11}	4118054813	3948131653.7⋯	1.043⋯
10^{12}	37607912018	36191206825.3⋯	1.039⋯
10^{13}	346065536839	334072678387.1⋯	1.035⋯
10^{14}	3204941750802	3102103442166.0⋯	1.033⋯
10^{15}	29844570422669	28952965460216.8⋯	1.030⋯
10^{16}	279238341033925	271434051189532.4⋯	1.028⋯
10^{17}	2625557157654233	2554673422960304.8⋯	1.027⋯
10^{18}	24739954287740860	24127471216847323.8⋯	1.025⋯
10^{19}	234057667276344607	228576043106974646.1⋯	1.023⋯
10^{20}	2220819602560918840	2171472409516259138.2⋯	1.022⋯
10^{21}	21127269486018731928	20680689614440563221.4⋯	1.021⋯
10^{22}	201467286689315906290	197406582683296285295.9⋯	1.020⋯
10^{23}	1925320391606803968923	1888236877840225337613.6⋯	1.019⋯

但是,高斯至死也没能证明出这个定理,并且在高斯提出这个定理后的 100 年间,也没有

人能证明出这个定理.因此当时国际数学界曾惊呼:谁要是能证明这个定理,谁就能"长命百岁"!事实还果真如此.第一个证明出质数定理的是法国数学家阿达马(Hadamard,1865~1963)和比利时数学家法勒布赛(De la Vallèe-Poussin,1866~1962);阿达马活到98岁,法勒布赛活到96岁!第一个用初等方法(初等并非简单、并非容易)证明出质数定理的是挪威数学家塞尔贝格(Selberg,1917~2007);塞尔贝格于1949年用初等方法证明出质数定理,1950年便获得享有数学诺贝尔奖之誉的"菲尔兹奖".塞尔贝格殁于2007年,享年90有余,也可算是长命百岁了.

孪生质数 令 p 为质数,如果 $p+2$ 也为质数,那么 $(p,p+2)$ 这样的质数对就被称作孪生质数.显然,100以内的孪生质数共有8对,即

$$(3,5),(5,7),(11,13),(17,19),$$
$$(29,31),(41,43),(59,61),(71,73).$$

目前已知的最大的一对孪生质数为 $2003663613^{1950000}\pm1$,它有58711个十进制位,发现于2007年6月15日.虽然质数是无穷的,但并不知道孪生质数是不是也是无穷的(孪生质数的有限性或无穷性是悬而未决两千多年的

数学难题,也是著名的希尔伯特第八问题的一个重要组成部分).除了孪生质数外,还有所谓的三生质数、四生质数等.例如,对于像$(p,p+2,p+6)$这样的三生质数,如$(5,7,11)$,$(11,13,17)$,$(17,19,23)$,$(41,43,47)$等,就更不知道它们是有限的还是无穷的了.

质数算术等差数列 将形为

$$p,p+d,p+2d,p+3d,\cdots,p+(n-1)d$$

$$(5.1)$$

的等差数列称为质数算术等差数列,其中式(5.1)中的各项全为质数.例如,5,11,17,23,29,其中,$d=6$,$n=5$.目前人们所知的、最长的质数等差数列共含有 24 个质数 468395662504823 + 45872132836530n,$n=0,1,2,\cdots,23$,即

468395662504823	514267795341353
560139928177883	606012061014413
651884193850943	697756326687473
743628459524003	789500592360533
835372725197063	881244858033593
927116990870123	972989123706653
1018861256543183	1064733389379713
1110605522216243	1156477655052773
1202349787889303	1248221920725833

1294094053562363   1339966186398893

1385838319235423   1431710452071953

1477582584908483   1523454717745013

陶哲轩

著名华裔青年数学家陶哲轩(Terence Tao)与其合作者、英国青年数学家 Ben Green 证明出具有无穷多个任意长度的质数等差数列(现称为 Green-Tao 定理),这也就是说,式(5.1)中的 n 可以为任意正整数. 为此,陶哲轩获得 2006 年菲尔兹奖. 陶哲轩 1975 年出生在澳大利亚的一个香港移民家庭,母亲是中学数学老师、父亲是牙科医生. 陶哲轩是个数学天才,2 岁时便能教别的孩子数数,8 岁半升入中学,11 岁代表澳大利亚参加国际奥林匹克数学竞赛得铜牌、12 岁得银牌、13 岁得金牌,20 岁获得美国普林斯顿大学数学博士,24 岁被评为加州大学洛杉矶分校正教授. 2006年 31 岁时获得享有数学诺贝尔奖之称的菲尔兹奖. 他是澳大利亚有史以来第一个获得菲尔兹奖的人,是加州大学洛杉矶分校(UCLA)有史以来第一个获得菲尔兹奖的人,也是继邱成桐之后第二个获得菲尔兹奖的华裔. 与质数等差数列类似,但比质数等差数列更难的问题是相邻质数等差数列猜测:即存在无穷多个任意长度的相邻质数的等差数列. 当然,这只是猜测,目前还无人能够证明其正确性. 下面这个等差数列,就是一个全由相邻质数所构成的等差数列:$10^{10}+24493+30n,n=0,1,2,3,4$. 这也就是说,该等差数列中的各项 10000024493,10000024523,10000024553,10000024583,10000024613 都是前后相邻的质数,换句话说,就是在这些质数之间,再也没有别的质数存在了.

黎曼假设 黎曼(1826~1866)本是一个著名的几何学家,是德国哥廷根继高斯(1777~1855)、狄利克雷(Dirichlet,1805~1859)之后的又一位著名数学大师,可惜因患当时的不治之症肺结

黎曼

核而英年早逝. 1859 年,黎曼发表了他这一辈子唯一的一篇关于数论的论文"论在某一数值之前的素数的个数",并且这篇论文仅有 6 页(还是一个手写草稿,图 5.1). 就是这么一篇简短的手写论文,便奠定了整个现代解析数论(一门应用分析数学工具研究数论的学科)的基础. 目前在很多的地方,包括科技发达的欧美,衡量一位

科学家的标准,往往就是看他发表了多少篇论文、申请到了多少科研基金,而不看这些论文以及科研成果的质量.试问:黄金能和生铁论斤两吗?

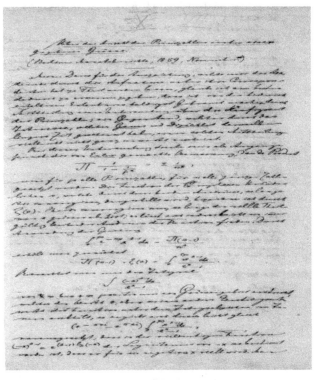

图 5.1　黎曼论文的第一页

言归正传.在这篇不朽的论文中,黎曼创造性地将前人欧拉的 ζ 函数

$$\zeta(s) = \sum_{n=1}^{\infty} \frac{1}{n^s}, \quad s > 1, s \in \mathbb{R} \qquad (5.2)$$

推广到复数域上

$$\zeta(s) = \sum_{n=1}^{\infty} \frac{1}{n^s}, \qquad (5.3)$$

其中, $s = \sigma + it$ 为复数. 显然, 欧拉 ζ 函数是一个实变量的函数, 而黎曼 ζ 函数是一个复变量的函数. 对于实变量的 ζ 函数, 欧拉发现

$$\zeta(s) = \prod_p \frac{1}{1 - p^{-s}}, \qquad (5.4)$$

其中, p 过所有质数, 从而可以推出质数有无穷多个(这就证明了欧几里得定理). 而对于复变量的 $\zeta(s)$ 函数, 黎曼发现, 它的零点分布与质数在正整数中的分布密切相关、紧密相连. 这也就是说, 黎曼 ζ 函数与质数的联系比欧拉 ζ 函数与质数的联系更密切, 并且简直就是一对"孪生兄弟". 因此, 只要提到 ζ 函数, 均系指黎曼 ζ 函数. 更有意思的是, $\zeta(s)$ 函数的零点实际上只有两种情况: 实零点(也称平凡零点) $\zeta(-2n) = 0$, 其中, $n = 1, 2, 3, \cdots$ 和复零点(也称非平凡零点) $\zeta(\sigma + it) = 1$, 其中, $0 < \sigma < 1$. 很有意思的是, 通过计算, 黎曼发现 $\zeta(s)$ 函数的前 5 个复零点(注: 仅需考虑 x 轴上方的零点, 因为复零点在 x 轴的上、下方, 当然也包括左右方都是共轭

的)都在 $\sigma = \dfrac{1}{2}$ 这条垂直的直线上(图 5.2). 因此,他大胆而果断地猜测(现通称为黎曼假设), $\zeta(s)$ 函数的所有复零点都在 $\sigma = \dfrac{1}{2}$ 这条垂直的直线上. 如果这个猜测正确的话,那么素数的分布就比较有规律了,并且数论中的一大批问题也就都能迎刃而解了. 例如,黎曼假设要是正确

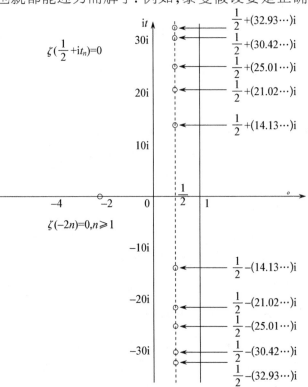

图 5.2 $\zeta(s)$ 函数的零点分布示意图

的话,质数定理就不证自明了,质性检验自然也就能在多项式时间内进行了. 事实上,Jacques Hadamard 和 Charles de la Vallée Poussin 只应用了 $\zeta(s)$ 函数在 $\sigma=1$ 处不可能有复零点这一性质就证明了质数定理,而根本就没有用到与黎曼假设有关的深刻理论. 很可惜的是,虽然黎曼为证明质数定理扫清了前进路上的一切障碍,但黎曼自己并没有证明出质数定理,所以黎曼以其"英年早逝"换来了 Hadamard 和 de la Vallée Poussin 的"长命百岁". 尽管黎曼的数学生涯犹如一颗流星,迅速发光又迅速殒灭,但黎曼对数学的贡献将永载史册. 黎曼假设自从 1959 年提出至今,既没有人能证明,也没有人能推翻. 最新的计算结果表明,ζ 函数的前 10^{13} 个复零点都在 $\sigma=1/2$ 这条垂直线上. 当然,这并说明不了什么问题,也许以后什么时候人们就能找到一个(些)不在这条垂直线上的复零点,并且这种可能性目前还没有人能够排除. 在 1900 年的巴黎国际数学家大会上,德国数学家希尔伯特曾将这个问题作为 20 世纪的23个数学难题之一(即希尔伯特第 8 问题,希尔伯特第 8 问题实际包含与质数有关的 3 个问题,即孪生质数问题、哥德巴赫猜想和黎曼假设)推介给全世界的数学家.如今20世纪已经过去了,21世纪也已开始了,但人们对这个问题的研究还基本上没有什么进展,黎曼假设的真假性也无人知晓.据说希尔伯特在世时,有人和他开玩笑说,假如您死后500年还能复活,那您第一件要做的事是什么？ 希尔伯特当即便回答说,要看看黎曼假设是否被人证明出来了.位于美国麻省的Clay数学研究所于2000年5月24日登出广告,悬赏100万美元给第一个解决黎曼假设的人.究竟鹿死谁手,目前还不得而知！ 也许这个问题还得再推到22世纪,甚至更后的世纪去解决！

哥德巴赫猜想　1742年6月7日,德国数学家哥德巴赫(1690～1764)写信(图5.3),给当时的数学大师欧拉(Euler,1707～1783)；当时他们两人都在俄国.在信中,哥德巴赫猜测:任何一个大于4的偶数,都可以表示成两个奇素数之和.例如,

$$6 = 3+3, \qquad 8 = 3+5,$$
$$10 = 3+7 = 5+5, \quad 12 = 5+7,$$
$$14 = 3+11 = 7+7, \quad 16 = 3+13 = 5+11,$$
$$18 = 5+13 = 7+11, \quad 20 = 3+17 = 7+13.$$

最新计算结果表明,在10^{18}之前的所有偶数都

图 5.3　哥德巴赫写给欧拉的信

满足哥德巴赫猜想.但由于偶数是无穷的、素数
也是无限的,目前并保证不了所有的偶数都满
足哥德巴赫猜想,也许就会有那么一个很大的
偶数,它就不能表示成两个奇素数之和.所以,
就目前来讲,哥德巴赫猜想之真假性是无人知
晓的! 我国著名数论专家陈景润(1933～1996)
在 1966 年便证明出(其证明的全文因文革动乱

陈景润

而迟至1972年才正式发表）：任何一个充分大的偶数都可以表示成一个素数再加上两个素数之积，即所谓的"1＋2"，在国际上被称为"陈氏定理"．这是迄今为止最好的结果，40多年来无人突破！当然，陈氏定理离哥德巴赫猜想的最终解决还相距甚远，因为首先不知道这个充分大的偶数到底有多大，其次不知道在这个充分大的偶数之后的那些偶数是否也都满足哥德巴赫猜想．正如陈景润教授生前所说，哥德巴赫猜想已经不仅仅是个单纯的数学问题，它也涉及一些哲学问题，因此要解决它，非常困难．而美国集数学与计算机科学为一身的 Stanford 大学教授 Knuth 则更是认为，哥德巴赫猜想是一个永远也得不到解决的问题，并认为它很可能就是 Gödel 觉得存在但不能被证明的定理之一例．英国伦敦 Faber 出版社于 2000 年 3 月 20 日公布，悬赏 100 万美元给第一个解决哥德巴赫猜想的人．不过目前该奖的期限已过，没有人获奖．很有意思的是，哥德巴赫猜想还与前面提到的另一重大难题–孪生质数的分布有关，因此陈景润先生关于哥德巴赫猜想的"1＋2"之研究成果同样适合于孪生质数猜测,即存在着无穷多对正整数$(p, p+2)$,其中,p 为质数,$p+2$ 为至多两个质数之乘积.

提到陈景润在哥德巴赫猜想研究方面的杰出贡献,其实还应特别提及我国著名数学家华罗庚(1910～1985)的首创性与领导性的工作.早在 1950 年代,华罗庚教授就在中国科学院数学研究所主持了哥德巴赫猜想讨论班,参加者包括王元教授(1930 年出生)和潘承洞教授(1934～1997)等,而陈景润教授也正是由于华老的极力举荐才得以从厦门大学调到中国科学院数学研究所的.正是在华老的领导下,中国解析数论界才得以于 1957 年由王元教授率先证明"2＋3",即每个充分大的偶数都可以表示成至多两个质数的乘积再加上至多 3 个质数的乘积,这是中国学者首次在这一研究领域跃居世界领先的地位.随后在 1960 年代初期,潘承洞教授证明了"1＋5",即每一个充分大的偶数都可以表成一个素数加上一个质因子个数不超过 5 的质数的乘积.最后由陈景润教授于 1966 年取得"1＋2"的最佳结果且迄今无人突破.为此,以王元、潘承洞、陈景润 3 人为优秀代表的中国解析数论集体于1982年获得国家自然科学奖一等奖.

华罗庚　　　　　　　　王元

潘承洞　　　　　　　　陈景润

思考/科研题五

（1）[思考题]　古希腊数学与天文学家埃拉多斯早在 2200 年前就发明了一种筛选出到 n 为止的所有质数的"筛法"，现通称为"埃拉多斯筛法"或"埃氏筛法". 该筛法是现代数论中所有筛法的开山鼻祖，其计算过程大致如下：

（i）建立一个含有从 2 至 n 的所有整数的表列 $2,3,4,5,\cdots,n-1,n$.

(ii) 对 $2,3,5$ 直至 $\lfloor\sqrt{n}\rfloor$ 为止的所有质数(编号为 $p_1,p_2,p_3,\cdots$),从表列中删除满足条件 $p_i<mp_i\leqslant n$ 的所有倍数,$m=1,2,\cdots$.

(iii) 最后表列中所留下来的数就是至 n 为止的所有质数. 图 5.5 给出了应用埃氏筛法筛选 100 以内的质数的过程与结果.

证明"埃氏筛法"是一个多项式时间复杂性的算法. 将"埃氏筛法"改进成一个快速的(即多项式时间复杂性的)生成任意长度的质数的算法.

	2	3	4	5	6	7	8	9	10
11	12	13	14	15	16	17	18	19	20
21	22	23	24	25	26	27	28	29	30
31	32	33	34	35	36	37	38	39	40
41	42	43	44	45	46	47	48	49	50
51	52	53	54	55	56	57	58	59	60
61	62	63	64	65	66	67	68	69	70
71	72	73	74	75	76	77	78	79	80
81	82	83	84	85	86	87	88	89	90
91	92	93	94	95	96	97	98	99	100

图 5.5　埃拉多斯筛法示意图

(2) [科研题]　将 Lucas 数 u_n 定义成 $u_n=(\alpha^k-\beta^k)/(\alpha-\beta)$,其中,$\alpha$ 和 β 为 $x^2-ax+b=0$ 之根. 称奇合数 n(其中,$n-1=2^s d$,d 为奇数)

为基 2 的"强伪质数"(或"强拟质数"),如果它满足 $a^d \equiv 1 (\bmod\ n)$ 或者满足 $a^{d \cdot 2^r} \equiv -1(\bmod\ n)$,$0 \leqslant r < s$. 找出这样的一个合数 n,使其最后一个十进制位或者是 5 或者是 7,并且 n 是基 2 的"强伪质数",同时 n 还必须能够整除 Lucas 数 u_{n+1}.

你要能找到这样一个合数,美国 3 位著名数学家 Pomerance,Selfridge 和 Wagstaff 将奖励你 620 美元.(这个问题在质性判定和密码学中有重要应用.计算机代数系统 Maple 的质性检验就是基于组合应用 Miller-Rabin 和 Lucas 这两个概率检验方法的.该组合方法自 1980 年提出至今,还没有发现一个反例.如果该合数存在的话,它至少具有数百个十进制位.)

6 椭圆曲线、标新立异

一般说来,有两种类型的整数分解算法:特殊分解法和一般分解法.所谓特殊分解法,就是仅适合于分解一些特殊形式的整数(如梅森数和费马数或者是具有小质因数的整数)的算法.特殊形式的整数一般都比较容易分解,其分解对象一般都在 1000 位(十进制位)以上.所谓一般分解法,是指欲被分解的整数都是一些一般形式的、没有任何规律可循的整数,这类整数当然就很难分解.就目前的分解能力看,基本上都在 200 位以下.超过 200 位的一般整数,目前基本上是束手无策的.在小学算术里学过的"短除分解法",就是一种特殊形式的分解法,该方法仅适合于分解含有小质因数的整数.下面介绍的"试除分解法",就是小学算术中"短除分解法"的一种变形(为简洁方便起见,仅要求分解出 n 中的第一个质因数而不要求分解出所有的质因数. 读者可以自己将下述算法加以改进,使得可以分解出 n 中的所有质因数):

算法 6.1(试除法) 本算法用 $i = 2, 3, 4, \cdots, \sqrt{n}$ 去试除 n,直至第一个 i 能整除 n 为止.

> Input n
>
> $i \leftarrow 2, s \leftarrow \lfloor \sqrt{n} \rfloor$
>
> While $i < s$ do
>
>   If$(n \bmod i) = 0$
>
>   Output i
>
>   Stop
>
> $i \leftarrow i + 1$

显然该算法的计算复杂性为 $\mathcal{O}(2^{(\log n)/2})$. 如果 n 只有 20 来位,并且又有小质因数,该法还能凑合使用,否则几乎没有什么用处. 不过很有意思的是,这种试错性的试除法一直用了几千年,并且在 1970 年前,该法几乎是唯一的一种实用性的整数分解算法.

1972 年间,英国数学家 Pollard 提出了一种所谓的 $p - 1$ 分解法,它特别适合于将这样的

质因数 p 从 n 中分解出来,其 $p-1$ 的所有质因数都比较小. $p-1$ 分解法的过程如下:

算法 6.2("$p-1$"方法)　假定 $n>1$ 为一合数. 本算法试图找出 n 的一个非平凡因数.

(1)(初始化)　随机选定 $a \in \mathbf{Z}_n$. 选定正整数 k,使得可以被很多素数幂整除. 例如,对适当的上界 B,选定 $k=\mathrm{lcm}(1,2,\cdots,B)$($B$ 越大,分解的可能性也就越大,但计算时间也会越长.);

(2)(幂计算)　计算 $a_k = a^k \bmod n$;

(3)(计算 GCD)　计算 $d = \gcd(a_k - 1, n)$;

(4)(寻求因子)　如果 $1 < d < n$,则 d 为 n 的一非平凡因数,输出 d,终止算法;

(5)(继续否?)　如果 d 并非 n 的一非平凡因子,而又想继续寻求 n 之非平凡因子,那么转至第(1)步重新选择新的参数 a 和 k,并重新开始新的一轮计算. 否则,终止算法.

现假定 $n=540143$. 选定 $B=8$,从而得到 $k=840$. 再选定 $a=2$. 应用"$p-1$"法,得到

$$\gcd(2^{840}-1 \bmod 540143, 540143)$$

$$= \gcd(53046, 540143) = 421.$$

因此,421 为 540143 的一因数. 事实上,$540143 = 421 \cdot 1283$. "$p-1$"法有两个极为重要的优越性:

(1) 当 $n=pq$ 中的 $p-1$ 或 $q-1$ 有小质因数时,应用该法能很快地将 n 分解出来;

(2) "$p-1$"基于乘法群 $\mathbf{Z}_n^*$,如果将乘法群 $\mathbf{Z}_n^*$ 变换到椭圆曲线点群 $E(\mathbf{Z}_n^*)$ 上,那么"$p-1$"分解法就变成了椭圆曲线分解法 ECM(elliptic curve method)。

Pollard 是一个数学奇才、偏才。他当年在剑桥大学读书时,因为各科综合考试成绩未能达标而没有毕业,但由于他后来发明了多个极富创造性的整数分解算法(本书要多次提到他的工作)而又被剑桥免试授予博士学位(注:不是荣誉博士学位,而是正规的博士学位,只是未经正式考试、答辩而已)。

Lenstra

ECM 是 Hendrik Lenstra 于 1987 年在普林斯顿高等学术研究院出版的《数学集刊(*Annals of Mathematics*)》上提出来的。Hendrick Lenstra 是荷兰人,出身于一个数学家庭,父亲是数学家,他们三兄弟都毕业于阿姆斯特丹大学数学系,老大 Jan Karel Lenstra(1947 年出生)专长于组合优化,目前为荷兰国家数学与计算机研究院(CWI)院长,老二(即本节的主人公,出生于1949年)和老三 Arjen Lenstra(出生于 1956 年)均为数论与密码学专家. Hendrick Lenstra 28 岁就被聘为阿姆斯特丹大学教授,1990 年代初期转任加州伯可利(UC Berkeley)大学教授,目前已从 UCB 退休、又重返回荷兰.人们研究椭圆曲线已有 100 多年的历史,但以往大都集中在研究椭圆曲线的性质上,Lenstra 是第一个成功地将椭圆曲线理论应用于整数分解的人(Neal Koblitz 和 Victor Miller 则是最早将椭圆曲线理论应用于密码学中的人). ECM 的思想其实非常简单,并且与"$p-1$"完全一样,事实上 ECM 就是"$p-1$"在椭圆曲线上的一种自然对应物.

077

在正式介绍 ECM 之前,先对椭圆曲线作个基本介绍. 将整数环$\mathbf{Z}_n$记为

$$\mathbf{Z}_n = \{0, 1, 2, 3, \cdots, n-1\}.$$

之所以称其为"环(ring)",是因为并非$\mathbf{Z}_n$中的每个非零元素都是可逆的,如在$\mathbf{Z}_9$中,有下表:

n	1	2	3	4	5	6	7	8
$\frac{1}{n}$	1	5	×	7	2	×	4	8

其中,×表示不可逆. 将$\mathbf{Z}_n$中所有可逆的元素之

集合记作

$$\mathbf{Z}_n^* = \{x \in \mathbf{Z}_n : \gcd(x,n) = 1\}.$$

这样,对于 $n=9$,有 $\mathbf{Z}_9^* = \{1,2,4,5,7,8\}$. 但是,如果 $n=p$ 为质数,则 $\mathbf{Z}_p$ 中的每一个非零元素都是可逆的. 在这种情况下,将 $\mathbf{Z}_p$ 称作有限域(finite field)且记为 $\mathbf{F}_p$. 有限域也被称为伽罗瓦域,以纪念法国天才的、英年早逝的数学家伽罗瓦(Évariste Galois, 1911~1932)的开创性工作. 将有限域 F_p 上椭圆曲线 $E : y^2 = x^3 + ax + b$ 记为 E/F_p,而将椭圆曲线上的点所构成的集合记作 $E(F_p)$. 显然,椭圆曲线可由其点集来唯一确定. 从几何图形上讲,椭圆曲线是方程 $y^2 = x^3 + ax + b$ 所定义的一条平面上的三次代数曲线. 例如,图 6.1 的左图就是由方程 $y^2 = x^3 - 4x + 2$ 定义的椭圆曲线,而右图则是由方程 $y^2 = x^3 - 3x + 3$ 所定义的椭圆曲线. 椭圆曲线的一条极为优美的性质是椭圆曲线的点集构成一个"可交换的加法群":椭圆曲线上任何两点相加所得到的第3点一定也在这条椭圆曲线上,即如果 $P,Q \in E(F_p)$,则 $P \oplus Q \in E(F_p)$. 当然,还需要定义一个"无穷远点(point at infinity)",记作 O_E,这样当两个垂直的点相加时,这个无穷远点就是这两个点相加之和(图6.2). 图 6.2

实际上展示了下面这条十分重要的几何作图定理:假定 $P,Q \in E$, L 为连接 E 上 P 与 Q 两点的直线(如果 $P=Q$ 这条直线就是 E 上的一条切线), R 为 L 在 E 上的第 3 个交点. 设 L' 连接 R 与无穷远点 O_E. 则点 $P \oplus Q$ 就是 E 上的第 3 个点,使得 L' 在点 R, O_E 和 $P \oplus Q$ 上与 E 相交. 从代数上讲,如果 $P_1 = (x_1, y_1)$, $P_2 = (x_2, y_2)$ 为椭圆曲线

$$E : y^2 = x^3 + ax + b$$

的两个点(可以相同也可以相异),则 E 上的第 3 个点 $P_3 = (x_3, y_3) = P_1 \oplus P_2$ 可以按如下公式计算:

$$P_1 \oplus P_2 = \begin{cases} O_E, & x_1 = x_2, y_1 = -y_2, \\ (x_3, y_3) & \text{其他.} \end{cases}$$

(6.1)

其中,

$$(x_3, y_3) = (\lambda^2 - x_1 - x_2, \lambda(x_1 - x_3) - y_1)$$

(6.2)

及

$$\lambda = \begin{cases} \dfrac{3x_1^2 + a}{2y_1}, & P_1 = P_2, \\[2mm] \dfrac{y_2 - y_1}{x_2 - x_1}, & \text{其他.} \end{cases}$$

(6.3)

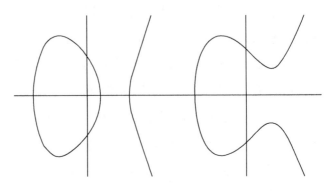

图 6.1   椭圆曲线的两个例子

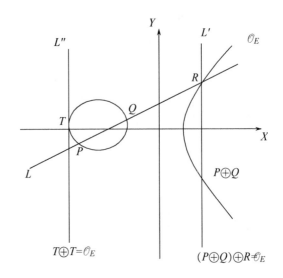

图 6.2   椭圆曲线加法示意图

假定 $P\in E(\mathbf{Q})$，说 P 具有阶 k，如果 $kP=O_E$ 且对于所有 $1<k'<k$，$k'P\neq O_E$. 如果整数 k

存在,则 P 具有有限阶,否则 P 具有无限阶. 对于椭圆曲线,最感兴趣的是它到底有多少个有理点或整数点. 例如,对于有限域 F_5 上的椭圆曲线 $y^2=x^3+3x$ 就只有 10 个点(包括无穷远点),而对于有限域 F_5 上的椭圆曲线 $y^2=3x^3+2x$ 就只有 2 个点(包括无穷远点). 一般地,F_p 上椭圆曲线 $y^2=x^3+ax+b$ 共有 $1+p+\varepsilon$ 个点(包括无穷远点),其中,$\varepsilon\leqslant 2\sqrt{p}$. 更一般地,对于有理域 $\mathbf{Q}$ 上椭圆曲线的有理点的数目,英国老一辈著名数学家 L. J. Mordell(1888~1972,我国著名数论专家柯召 1930 年代在英国留学时的博士导师)创立了一个非常著名的有限基定理(finite basis theorem). 通俗地讲,就是有理数域 $\mathbf{Q}$ 上椭圆曲线的有理点群 $E(\mathbf{Q})$ 中的所有点都可以根据群论运算规则从有限的点集中全部生成出来,即

$$E(\mathbf{Q})\simeq E(\mathbf{Q})_{\text{tors}}\bigoplus \mathbf{Z}^r,$$

其中,子群 E_{tors}(有限部分)包含所有具有有限阶(finite order)的有理点(称之为 Torsion 点),无限部分所需的生成元之数目 r 被称之为 $E(\mathbf{Q})$ 的秩(rank). 秩 $r=0$ 当且仅当整个的有理点群 $E(\mathbf{Q})$ 为有限的. Mordell 定理虽然非常强而有力,但遗憾的是它仅告诉我们 $E(\mathbf{Q})$ 可以

有限生成,但并没有告诉我们如何生成.当然,对于一些特殊的椭圆曲线,有快速生成算法,但对于一般的椭圆曲线,并没有一个通用性的算法.因此,研究椭圆曲线秩 r 的性质以及其他有关点群 $E(\mathbb{Q})$ 的性质,是当今数论与算术代数几何中十分重要的一个研究方向.21 世纪 7 个"千禧数学问题"之一的"Birch 和 Swinnerton-Dyer 猜测"就是一个与椭圆曲线的秩 r 有关的近 50 年来悬而未决的著名数学难题,由 Peter Swinnerton-Dyer(1927 年出生)和 Bryan Birch(1931 年出生)在 1960 年代初期提出的.

Swinnerton-Dyer

Swinnerton-Dyer 是英国当代一位著名的数学家.他在 16 岁时(1943 年)就在伦敦数学会学报(*Journal of London Mathematical Society*)上发表了一篇求解不定方程 $x^4 + y^4 = z^4 + t^4$ 的论文,这就使得他未经任何考试就直接进入剑桥三一学院(Trinity College).在获得学士学位后,则直接师从英国著名数学家 J. E. Littlewood 从事函数论方面的研究工作. 1954 年,因获得英联邦奖学金又到美国芝加哥大学,跟随法裔著名数学家 André Weil 研究代数几何,并于1955年返回英国.剑桥是一所"不拘一格选人才"的地方,对于普通人才,考试极其严格,但对于特殊人才,则特别灵活、特殊照顾.Swinnerton-Dyer 就是一个未经任何考试、根本就没有写博士论文、也没有进行博士论文答辩而直接授予博士学位(注:还不是荣誉博士学位而是正规博士学位)的人,而其博士导师则是驰名于世的 Littlewood(函数论与数论大师)和 Weil(代数几何与数论大师).回到剑桥后,Swinnerton-Dyer 开始对椭圆曲线的计算感兴趣.剑桥大学给他在计算机实验室安排了一个职务,给了他一个办公桌,使他能专心致志地使用当时计算机实验室最好的计算机 EDSAC 做他想做的计算.Swinnerton-Dyer 是一个数学全才,在代数、数论、分析、几何、计算等很多方面都有突出的贡献,同时他还是一位杰出的政治家和社会活动家.1973 年开始任剑桥 St Catherine's 学院院长,1979~1981 年任剑桥大学校长,1983~1989 年任全英大学科研基金会(即今日英国国家自然科研基金会 EPSRC 的前身)主席.1989 年后又重返剑桥重新搞数学.Swinnerton-Dyer 今年已经 81 岁了,但学术思想仍很活跃.

Birch

由于 Hardy 和 Littlewood 在剑桥开创了团结合作的优良传统(他们两人就曾友好合作长达35年,直至 Hardy 去世),因此,剑桥数学系几乎每个人都要和别人合作,尤其是在 20 世纪 50 年代,那时 Littlewood 还健在,很难看到某一个人在单枪匹马的工作. 这种传统一直保留至今. 例如,当 Wiles(1980 年在剑桥获得博士学位)单枪匹马地在 1993~1994 年间研究费马猜想出现困难、出现挫折,并且准备撤退、准备宣布失败的时候,他马上和他昔日的学生 Richard Taylor 合作,结果进入了柳暗花明又一村的新境界,从而彻底解决了费马猜想. 中国有句古话:无巧不成书. 就在 Swinnerton-Dyer 致力于椭圆曲线计算的时候,剑桥数学系另一年轻研究人员 Birch 又适时地加入了 Swinnerton-Dyer 的计算行列. Birch 于 1958 年在剑桥数学系博士毕业(其导师为 Iain Cassels,今年已 86 岁了,仍生活在剑桥),毕业后就留在剑桥做博士后,直至 1962 年才离开剑桥大学到曼彻斯特大学,后来又到牛津大学,目前已从牛津大学退休,但学术思想仍很活跃,作者经常和他一块参加英国定期的代数数论和计算数论的会议.
Birch本来1953年就认识Swinnerton-Dyer,因
为当时 Swinnerton-Dyer 曾帮助审阅过 Birch
的本科毕业论文,而 Birch 当时的女朋友(后来
的新婚妻子)Gina就和 Swinnerton-Dyer 同在剑
桥计算机实验室工作,且共用一个办公室,因此
Birch 就经常会来计算机实验室看他的女朋友,
自然也就能经常见到 Swinnerton-Dyer,这样就
使得 Swinnerton-Dyer 和 Birch 能经常在一块
交流各自的研究心得,讨论其共同关心的有关
椭圆曲线的计算问题. 这样 1958~1962 年,两
人共同合作了 4 年多,合写了两篇关于椭圆曲
线计算的重要论文: *Notes on Elliptic Curves
I*, *II*(原计划还要写 III 和 IV,后因 Birch 离开
了剑桥,因此其合作也就基本上终止了,但后续
工作仍由其学生继续进行). 驰名于世的"Birch
和 Swinnerton-Dyer 猜想"就是在这两篇(尤其
是第 2 篇)论文里提出来的. 具体情况是这样:
他们在做了大量关于有限域 F_p(p 为很大的质
数)上椭圆曲线 E(假定 E 的秩 r 是已知的)的
点的数目 $\sharp E(F_p)$(记为 N_p)的计算工作后,便
猜测:当椭圆曲线 E 的秩为 r 时,N_p 之值满足
下列渐近式(当 $x \to \infty$ 时):

$$\prod_{p<x} \frac{N_p}{p} \approx (\ln x)^r. \qquad (6.4)$$

这个猜测很自然地又引导他们到一个更一般的、与椭圆曲线 E 的 L 函数 $L(E,s)$ 的性质有关的猜侧. 如果将椭圆曲线 E 的 L 函数 $L(E,s)$ 定义为

$$L(E,s) = \prod_{p \nmid 2\triangle} (1 - a_p p^{-s} + p^{1-2s})^{-1},$$

$$(6.5)$$

其中, $s = \sigma + it$ 为复数, $\triangle = -16(4a^3 + 27b^2)$ 为椭圆曲线的三次方程的判别式, $a_p = 1 + p - N_p$, $|a_p| \leqslant 2\sqrt{p}$. 那么已经知道, 这个欧拉乘积在 $\sigma > 3/2$ 时是收敛的. 现在, 如果将 $s = 1$ 代入式(6.5), 便可得到

$$L(E,1) = \prod_{p \nmid 2\triangle} (1 - a_p p^{-1} + p^{-1})^{-1} = \prod_{p \nmid 2\triangle} \frac{p}{N_p}.$$

$$(6.6)$$

这个公式告诉我们: 当 $\sharp E(F_p)$ 很大时, $L(E,1) = 0$. Birch 和 Swinnerton-Dyer 从大量计算实践中发现: 当 $E(\mathbb{Q})$ 无穷大时, 则与之相应的 N_p 也会出奇得大. 因此他们猜测

$$L(E,1) = 0 \Leftrightarrow E(\mathbb{Q}) = \infty \qquad (6.7)$$

或更一般地,

$$\text{order}_{s=1} L(E,s) = \text{rank} E(\mathbb{Q}). \quad (6.8)$$

这就是著名的"Birch/Swinnerton-Dyer 猜测"; 它实际上就是说:椭圆曲线 E 的 L 函数 $L(E,s)$ 在 $s=1$ 处的零点的阶(order)等于 E 的有理点群 $E(\mathbb{Q})$ 的秩(rank). 时至今日,人们只是验证了 BSD 猜测在 $r \leqslant 1$ 时的一些特殊情况,如 Coates 和 Wiles 在 1977 年验证了如果 $L(E,1) \neq 0$,则 $r=0$. 但对于其一般情况,BSD 猜测至今仍然悬而未决. 另外,Birch/Swinnerton-Dyer 猜测还可写成如下的改进形式:

$L(E,s)$ 在 $s=1$ 处的 Taylor(泰勒)展开式为

$$L(E,s) \sim c(s-1)^r, \quad (6.9)$$

其中,c 为一非零常数,r 为 $E(\mathbb{Q})$ 的秩.

椭圆曲线在今日之现代数学中,已是无处不在、无时不有. 例如,椭圆曲线不仅可以用来分解整数,还可用来检验质数,甚至可用来设计密码等. 不过在纯粹数学中,椭圆曲线最值得称道的大概还是普林斯顿大学的英籍数学家 Wiles 应用椭圆曲线理论最终解决了悬而未决 350 余年的"费马大定理". 椭圆曲线在纯粹数学中的另一个值得称道的是,哈佛大学的犹太籍数学家 Noam Elkies 应用椭圆曲线理论找到了

不定方程 $a^4 + b^4 + c^4 = d^4$ 的一组整数解,即

$$2682440^4 + 15365639^4 + 18796760^4$$
$$= 20615673^4,$$

从而推翻了欧拉在 1769 年提出的猜测:不定方程 $a^4 + b^4 + c^4 = d^4$ 没有正整数解."欧拉猜测"的一般形式为

不定方程

$$a_1^n + a_2^n + \cdots + a_{n-1}^n = a_n^n, \quad n \geqslant 4$$

$$(6.10)$$

没有正整数解.迄今为止,对于 $n=4$,人们还发现了另一组(同时也是最小的一组)正整数解,即

$$95800^4 + 217519^4 + 414560^4 = 422481^4.$$

对于 $n=5$,人们也发现了两组正整数解,即

$$27^5 + 84^5 + 110^5 + 133^5 = 144^5,$$
$$85282^5 + 28969^5 + 3183^5 + 55^5 = 85359^5.$$

因此,欧拉的猜测在 $n=4,5$ 时是不成立的.但对于 $n>5$,则一无所知.有兴趣的读者,不妨试着看能否找到如下不定方程:

$$a^6 + b^6 + c^6 + d^6 + e^6 = f^6$$

的一组正整数解!

有了上述这些关于椭圆曲线的基础知识之

后,就可以比较方便地来介绍ECM整数分解算法了.

算法6.3(ECM 分解法) 设 $n>1$ 为一合数且 $\gcd(n,6)=1$. 本算法试图找出 n 的一个非平凡因子.

(1)(曲线选择) 选定 (E,P),其中,E 为 $\mathbf{Z}_n$ 上的椭圆曲线 $y^2=x^3+ax+b$,$P=(x,y)\in E(\mathbf{Z}_n)$ 为 E 上一点,即随机选定 $a,x,y\in\mathbf{Z}_n$,并置(注:在数学里,一般用"令",但在计算机科学里,一般用"置",英文为 set)$b\leftarrow y^2-x^3-ax$. 如果 $\gcd(4a^3+27b^2,n)\neq1$,则 E 不是椭圆曲线,需要重新选定 (E,P);

(2)(选定正整数 k) 类似于"$p-1$",选定正整数 k,即选 $k=\mathrm{lcm}(1,2,\cdots,B)$ 或 $k=B!$;

(3)(计算 kP) 计算 $kP\in E(\mathbf{Z}_n)$,基本计算公式为 $P_3(x_3,y_3)=P_1(x_1,y_1)+P_2(x_2,y_2)$:

$$(x_3,y_3)=(\lambda^2-x_1-x_2 \bmod n,$$
$$\lambda(x_1-x_3)-y_1 \bmod n),$$

其中,

$$\lambda=\begin{cases}\dfrac{m_1}{m_2}\equiv\dfrac{3x_1^2+a}{2y_1}(\bmod n),&\text{如果 }P_1=P_2,\\[3mm]\dfrac{m_1}{m_2}\equiv\dfrac{y_2-y_1}{x_2-x_1}(\bmod n),&\text{其他}\end{cases}$$

$kP \bmod n$ 之计算可在 $\mathcal{O}(\log k)$ 时间内完成;

(4)(计算 GCD) 如果 $kP \equiv \mathcal{O}_E (\bmod n)$, 则计算 $d = \gcd(m_2, n)$, 否则转至(1)重新选定 a 或 (E, P);

(5)(寻求因子) 如果 $1 < d < n$, 则 d 为 n 的一非平凡因子, 输出 d 并转至(7);

(6)(重新再来?) 如果 d 并非 n 的非平凡因子, 而又想再试, 则转至(1)重新选定曲线重新再来, 否则转至(7);

(7)(结束) 终止算法.

ECM 分解法的计算复杂性为

$$\mathcal{O}(\exp(\sqrt{(2 + o(1))\log p \log \log p}) \cdot (\log n)^2).$$

显然, ECM 依赖于欲被分解的整数 n 中的质因数 p 而不依赖于 n 本身. 因此, p 的值越小, ECM 就越有效. 当 p 的值很大时, ECM 就变得没有什么用处了. 所以, ECM 只是一种特殊的整数分解算法. 例如, 当 $n = pq$ 为超过 120 位的十进制数且 p 和 q 为两个规模相当、位数相同的质因数时, ECM 就力不从心了, 必须使用通用性的、功能更为强大的二次筛法(quadratic sieve)或数域筛法(number field sieve).

现假定要分解 $n = 187$. 设 $k = 6$(k 值的选定很关键, 一般是选定一串数的最小公倍数, 此处

的 k 值是 1,2,3 的最小公倍数). 再设 $P=(0,5)$ 为椭圆曲线 $E:y^2=x^3+x+25$ 上的一个点且满足 $4a^3+27b^2\neq 0$. 这样可以计算出 $6P$. 具体的计算步骤如下:

$2P=P\oplus P=(0,5)\oplus(0,5):$

$$\begin{cases} \lambda=\dfrac{m_1}{m_2}=\dfrac{1}{10}\equiv 131(\mathrm{mod}\ 187), \\ x_3=144(\mathrm{mod}\ 187), \\ y_3=18(\mathrm{mod}\ 187), \end{cases}$$

$3P=P\oplus 2P=(0,5)\oplus(144,18):$

$$\begin{cases} \lambda=\dfrac{m_1}{m_2}=\dfrac{13}{144}\equiv 178(\mathrm{mod}\ 187), \\ x_3=124(\mathrm{mod}\ 187), \\ y_3=176(\mathrm{mod}\ 187), \end{cases}$$

$6P=2(3P)=2(124,176)=(124,176)\oplus(124,176):$

$$\lambda=\frac{m_1}{m_2}=\frac{46129}{352}\equiv\frac{127}{165}\equiv\times\ (\mathrm{mod}\ 187).$$

此时除法 $127/165\ \mathrm{mod}\ 187$ 不能进行, 但这正是所盼望的. 用抽象代数的语言来讲就是 $\mathbf{Z}_{187}$ 只是一个环而不是一个域, 因为 187 不是素数, 也因为 165 在 $\mathbf{Z}_{187}$ 中是不可逆的. 在抽象代数中有一个很重要的结果: $\mathbf{Z}_n$ 是一个域当且仅当 n 为素数.所以在环 $\mathbb{Z}_{187}$ 上,除法并不一定总能进行.
而这点正是所需要的,是"明知故犯",因为明明
知道在 $\mathbb{Z}_{187}$ 上进行除法会出问题,但就是希望它
出问题.只要它出问题,就有可能分解出 187(它
要不出问题反倒麻烦,因为必须重新选定参数,
甚至重新选定椭圆曲线,以至于让它在计算上
出问题).此时计算 187 和 165 的最大公约数
$\gcd(187,165)=11$,从而找到了 187 的一个因
数.事实上,$187=11\times17$.

设 D 为给定年间所能分解的最大"特殊整
数"的十进制位数,则根据 ECM 的分解能力和
莫尔(Moore's)定理,可以得到如下的年间和分
解位数的近似公式:

$$\sqrt{D}=\frac{Y-1932.3}{9.3}$$

或

$$Y=9.3\sqrt{D}+1932.3,$$

其中,Y 表示年间,D 表示可以分解的位数.例
如,给定 $D=70$,可得 $Y=2010$.这也就是说,按
照目前的分解状况,到 2010 年,人们应用 ECM
分解特殊整数中质因数 p 的能力可望达到 70
个十进制位.

思考/科研题六

(1)［思考题］ 设 $y^2 = x^3 - x - 1$ 为 $\mathbf{Z}_{1098413}$ 上的一条椭圆曲线,$P = (0,1)$ 为这条曲线上的一个点.

(i) 计算 kP,其中,$k = 2,3,8,20,31,45,92,261,513,875$.

(ii) 求出最小的 k 的值,使得 $kP = (467314,689129)$.

(2)［科研题］

(i) 找到如下方程的一组整数解:
$$a^6 + b^6 + c^6 + d^6 + e^6 = f^6.$$

(ii) 证明或反驳 Birch 和 Swinnerton-Dyer 猜测.如果你能证明或推翻这个猜测,美国 Clay 数学研究所将发给你一百万美元奖金.

7 二次筛法、值得称道

从费马、欧拉、高斯开始，一直到现代，通用型的一般整数分解方法基本上都是在"同余式的平方组合"上动脑子、下功夫，同时再加上一些因数基、平滑数、筛法、线性代数等现代技巧. 现在假定想分解 n. 如果能够找到两个正整数 x 和 y，满足

$$x^2 \equiv y^2 \pmod{n}, \qquad (7.1)$$

其中，$0 < x < y < n$，$x \neq y$，$x + y \neq n$，则 $\gcd(x - y, n)$ 和 $\gcd(x + y, n)$ 有可能为 n 的两个非平凡因数（当然这两个因数也有可能为 1 和 n，即所谓的平凡因数），因为 $n \mid (x + y)(x - y)$，但 $n \nmid (x + y)$ and $n \nmid (x - y)$. 现设 $n = 119$. 由于 12^2 mod $119 = 5^2$ mod 119，因此有

$$\gcd(12 \pm 5, 119) = (17, 7).$$

实际上，$119 = 7 \cdot 17$. 这样就将 119 成功分解了. 同样，假如要分解 $n = 3837523$，可以先找出 $x = 2230387, y = 3837523$，使得

$$2230387^2 \equiv 2586705^2 \pmod{3837523},$$

这样就可以计算

$$\gcd(x \pm y, N)$$
$$= \gcd(2230387 \pm 2586705, 3837523)$$
$$= (1093, 3511),$$

从而达到分解 $3837523 = 1093 \times 3511$ 的目的.

构造形为 (7.1) 的同余式的最好方法是首先收集很多形为

$$\left(A_i = \prod p_k^{e_k}\right) \equiv \left(B_i = \prod p_j^{e_j}\right) \pmod{n}$$
$$(7.2)$$

的同余式，然后再将其中的一些同余式相乘以将同余式的两边都配成平方. 在具体的运作过程中，要引进"因数基 (factor base)"的概念. 所谓"因数基"，就是定义一个含有质因数的集合 $FB = \{-1, 2, 3, 5, 7, \cdots, B\}$. 注意，将 -1 也包括在此因数基之中. B 为该因数基的上界. 显然，B 的值越大，分解成功的可能性也就越大，但所需之运算量也就越大. 现假定要分解 $n =$

77,定义所需之因数基为 $FB=\{-1,2,3,5\}$. 先在表 7.1 的左边收集 8 个在 FB 上的形如(7.2)的同余式,表 7.1 的右边为 8 个在 FB 上模 2 的 $v(A_i)$ 和 $v(B_i)$ 的指数向量信息.

表 7.1

$45=3^2 \cdot 5 \equiv -32=-2^5$	$(0\ 0\ 0\ 1) \equiv (1\ 1\ 0\ 0)$
$50=2 \cdot 5^2 \equiv -27=-3^3$	$(0\ 1\ 0\ 0) \equiv (1\ 0\ 1\ 0)$
$72=2^3 \cdot 3^2 \equiv -5$	$(0\ 1\ 0\ 0) \equiv (1\ 0\ 0\ 1)$
$75=3 \cdot 5^2 \equiv -2$	$(0\ 0\ 1\ 0) \equiv (1\ 1\ 0\ 0)$
$80=2^4 \cdot 5 \equiv 3$	$(0\ 0\ 0\ 1) \equiv (0\ 0\ 1\ 0)$
$125=5^3 \equiv 48=2^4 \cdot 3$	$(0\ 0\ 0\ 1) \equiv (0\ 0\ 1\ 0)$
$320=2^6 \cdot 5 \equiv 243=3^5$	$(0\ 0\ 0\ 1) \equiv (0\ 0\ 1\ 0)$
$384=2^7 \cdot 3 \equiv -1$	$(0\ 1\ 1\ 0) \equiv (1\ 0\ 0\ 0)$

然后将其中的一些同余式相乘,以便将同余式的两边都配成平方.只要指数向量之和模 2 为零,同余式的两边就是平方.用线性代数的语言来讲,就是如果某一组指数向量线性相关,那么它们所对应的同余式的两边就是平方.例如,可以先将第 6 和第 7 式相乘,得到表 7.2.

表 7.2

$125=5^3 \equiv 48=2^4 \cdot 3$	$(0\ 0\ 0\ 1) \equiv (0\ 0\ 1\ 0)$
$320=2^6 \cdot 5 \equiv 243=3^5$	$(0\ 0\ 0\ 1) \equiv (0\ 0\ 1\ 0)$
	$\downarrow\downarrow\downarrow\downarrow \quad \downarrow\downarrow\downarrow\downarrow$
	$(0\ 0\ 0\ 0) \quad (0\ 0\ 0\ 0)$

由于其指数向量之和模 2 为零,因此同余式的两边就配成了平方

$$5^3 \cdot 2^6 \cdot 5 \equiv 2^4 \cdot 3 \cdot 3^5 \Leftrightarrow (5^2 \cdot 2^3)^2 \equiv (2^2 \cdot 3^3)^2,$$

所以有 $\gcd(5^2 \cdot 2^3 \pm 2^2 \cdot 3^3, 77)=(77,1)$,但此次运气不太好,并没有分解 77,这并没有关系,可以继续将其他的一些同余式(如第 5 和第 7 式)相乘,得到表 7.3.

097

表 7.3

$80=2^4 \cdot 5 \equiv 3$	$(0\ 0\ 0\ 1) \equiv (0\ 0\ 1\ 0)$
$320=2^6 \cdot 5 \equiv 243=3^5$	$(0\ 0\ 0\ 1) \equiv (0\ 0\ 1\ 0)$
	$\downarrow\downarrow\downarrow\downarrow \quad \downarrow\downarrow\downarrow\downarrow$
	$(0\ 0\ 0\ 0) \quad (0\ 0\ 0\ 0)$

此时的向量和模 2 为零向量,因此有

$$2^4 \cdot 5 \cdot 2^6 \cdot 5 \equiv 3 \cdot 3^5 \Leftrightarrow (2^5 \cdot 5)^2 \equiv (3^3)^2,$$

再计算 $\gcd(2^5 \cdot 5 \pm 3^3, 77)=(11,7)$,分解成功.

显然,实现上述思想的关键,是找出满足条件的 x 和 y. 但要快速地找出满足条件的 x 和 y 绝非一件易事. 目前一般都是采用一些非常精细、非常高级的"筛法"(早期的方法也包括采用连分数法),并辅之于其他高深数学工具,将满足条件的 x 和 y 从大量的候选 (x,y) 数组中筛出. 二次筛法(quadratic sieve, QS)就是这样的一种筛法,该法于 1980 年代由美国数学家 Pomerance 最初提出. Pomerance 于 1972 年在哈佛大学获得数论博士学位,导师为哈佛著名数学家 John Tate(目前已退休, Tate 是我国著名数学家王湘浩在普林斯顿大学留学时的同窗好友, 20 世纪 40 年代末期、50 年代初期两人共同师从奥地利籍国际数学大师 Emil Artin),之后长期在 Georgia 大学工作,直至退休(退休后仍然思想活跃,并相继被 AT&T 和 Dartmouth 大学聘任). 在二次筛法里,首先要找出一组比较接近于 $\sqrt{n}$ 的数 a_i,从而得到一组二次式

Pomerance

$$Q(a_i) = a_i^2 - n, \quad i = 1, 2, 3, \cdots.$$

然后逐个质因数分解这些数,并检查、挑出这些

数中的"平滑数"(所谓平滑数,就是其质因数都不超过某一个规定的数 B). 然后,再按如下步骤来确定、筛选出合适的 x 和 y:

$$\prod(a_i^2 - n)$$

$$(\prod a_i)^2 \qquad\qquad (\prod p_i^{a_i})^2$$

$$x^2 \qquad\qquad\qquad y^2$$

从而计算

$$\gcd(x \pm y, n) = (a, b)$$

以达到分解 n 的目的. 现假定要分解 $n = 1829$. 首先要选定一个因数基,如 $(-1, 2, 5, 7, 11)$. 然后逐个计算 $Q(a_i) = a_i - n$,并质因数分解 $Q(a_i)$. 根据 $Q(a_i)$ 的质因数分解式,筛去那些不在因数基范围内的 $Q(a_i)$,即保留 $Q(a_i)$ 中的平滑数. 最后将平滑数的质因数的指数整理成模 2 的向量组,再计算出那些可以构成线性相关的向量组. 只要线性相关组一经确定,y 的值(右边)就筛出来了. 至于 x 的值,一箭双雕、顺手牵羊,根本就不必计算,它就是那些满足线性相关组中的左边的诸 a_i 的连乘积. 为了节省篇幅,有选择性地给出下面一组计算结果(读者完全

可以自己随意选择、组合,并进行计算):

(1) $27^2 - n = -1100$

$= -2^2 \cdot 5^2 \cdot 11 \Rightarrow (1,0,0,0,1)$;

(2) $38^2 - n = -385 = -5 \cdot 7 \cdot 11 \Rightarrow$

$(1,0,1,1,1)$;

(3) $39^2 - n = -308 = -2^2 \cdot 7 \cdot 11 \Rightarrow$

$(1,0,0,1,1)$;

(4) $43^2 - n = 20 = 2^2 \cdot 5 \Rightarrow (0,1,1,0,0)$;

(5) $45^2 - n = 196 = 2^2 \cdot 7^2 \Rightarrow (0,0,0,0,0)$;

(6) $52^2 - n = 875 = 5^3 \cdot 7 \Rightarrow (0,0,1,1,0)$;

(7) $53^2 - n = 980 = 2^2 \cdot 5 \cdot 7^2 \Rightarrow (0,0,1,0,0)$,

其中,最右边的那些二维向量表示 $a_i^2 - n$ 的质因数的指数的 mod 2 之值,并且将它限制在因数基 $(-1,2,5,7,11)$ 内. 从线性代数的角度讲,只要能在这些向量中找到一个线性相关组,就找到了一组满足条件的 (x,y). 例如,第 5 个向量 $(0,0,0,0,0)$ 本身就自己和自己线性相关,因此,就可以计算

$$45^2 \equiv (2 \cdot 7)^2,$$

从而可以计算

$$\gcd(45 \pm 14, 1829) = (59, 31).$$

此外,其余的向量虽然不和自己线性相关,但它

们可能和别的向量一块组成一个线性相关组.

例如,向量(1),(2),(5)组合在一块也能构成一

个线性相关组,因此它们也能导出右边的平方

数 y^2,而它的左边已经是平方数 x^2 了,即

$$(27 \cdot 38 \cdot 52)^2 \equiv (2 \cdot 5^3 \cdot 7 \cdot 11)^2,$$

也即

$$311^2 \equiv 960^2.$$

因此,可以计算

$$\gcd(311 \pm 960, 1829) = (31, 59).$$

二次筛法比较适合于分解 130 位以下的整数,

其计算复杂性为

$$\mathcal{O}\left(\exp\left(\frac{3}{2\sqrt{2}}(\log n \log \log n)^{1/2}\right)\right).$$

显然,这是一个亚指数复杂性的算法,距快速算

法(即多项式算法)还相差甚远.比二次筛法更

快的是数域筛法,将在第 8 章介绍.

二次筛法最值得称道的一个范例,就是于

1994 年 4 月成功地分解了如下这个 129 位的整

数:

11438162575788886766923577997614661201021829672124

23625625618429357069352457338978305971235639587050 5898

90751475992290026879543541.

它的两个质因数分别为

34905295108476509491478496199038981334177646384933
87843990820577,

32769132993266709549961988190834461413177642967992
942539798288533.

它是由几位热衷于整数分解的数学家与计算科学家牵头,组织动用了分布在世界 20 多个国家的 600 多名犹如"足球迷"一样的"整数分解迷",用了 8 个月的时间,分解出来的.其总机时量达到 5000 个"MIPS 年"(一个"MIPS 年"表示每秒运算一百万次的计算机要计算一年).1977 年,美国麻省理工学院的 Rivest 曾估算:分解一个 125 位的数用当时的技术需要$4 \cdot 10^{16}$年的时间.因此他猜测在他的有生之年里,是绝对看不到有人能分解这个 129 的整数了.可是想不到时间仅隔 16 年,这个 129 位的整数就被彻底分解出来了,由此可见现代数学与计算技术的突飞猛进性.

思考/科研题七

(1) [思考题] 假定所需的因数基为 $FB = \{-1, 2, 5, 7, 13, 29\}$,应用二次筛法分解整数 $n = 13199$.证明如果

$$x^2 \equiv y^2 (\bmod n), \quad x \neq y (\bmod n),$$

则

$$\gcd(x + y, n)$$

为 n 的一个非平凡因数的概率要大于 $1/2$.

(2)［科研题］ 美国 RSA 数据安全公司愿出 5 万美元奖给第一个分解如下这个 232 位（768 个二进制位）的整数的个人或组织：

12301866845301177551304949583849627207728535695953
34792197322452151726400507263657518745202199786469 3899
56474942774063845925192557326303453731548268507917 0261
22142913461670429214311602221240479274737794080665 3514
19597459856902143413.

8 数域筛法、独占鳌头

第 7 章介绍的"二次筛法",一般仅适合于 130 位以下的整数分解.对于 130 位以上的大整数,就需要用本节所介绍的"数域筛法".数域筛法(number field sieve, NFS) 是目前世界上最快、最先进、最现代化的整数分解算法,为英国数学家 Pollard 在 20 世纪 80 年代后期、90 年代初期所创.在前面曾提到,Pollard 曾在剑桥大学学习数学,因考试未达到要求而未获得所学的学位,但他确实是个数学才子,后因发明多种重要整数分解算法(如"$p-1$"法、ρ 法以及 NFS 等)而被剑桥大学免试授予博士学位.这对我国现行教育制度应该说也有一定启发作用:1930 年代的清华大学敢于冲破阻力,未经任何考试就聘任只有初中文凭的华罗庚先生到清华工作,并将其培养成国际著名数学大师.此情要是移到今日之清华,恐怕都难以做到这一点.目前Pollard已退休在家,但仍积极从事科学研究与参加学术交流活动,作者经常和他一块参加英国定期的计算数论会议.

在正式介绍数域筛法(NFS)之前,先引进一点预备知识.设 $f(x)$ 为一个首项系数为1的(这个条件有时也可放宽)不可约的阶(order)为 d 的整系数的多项式,m 为一整数,使之 $f(m) \equiv 0 \pmod{n}$. 设 α 为 $f(x)$ 的一个复根,$Z[\alpha]$ 为所有关于变量 α 的整系数多项式之集合.则存在着唯一的一个映射 $\Phi: Z[\alpha] \to Z_n$,使得

(1) $\Phi(ab) = \Phi(a)\Phi(b)$, $\forall a, b \in Z[\alpha]$;

(2) $\Phi(a+b) = \Phi(a) + \Phi(b)$, $\forall a, b \in Z[\alpha]$;

(3) $\Phi(za) = z\Phi(a)$, $\forall a \in Z[\alpha], z \in Z$;

(4) $\Phi(1) = 1$;

(5) $\Phi(\alpha) = m \pmod{n}$.

在数域筛法中,首先要选取一个多项式

$$f(x) = a_n x^n + a_{n-1} x^{n-1} + \cdots + a_0, \quad (8.1)$$

使得 α 为 $f(x)$ 的一个复根,同时要选定一个整数 $m \in \mathbf{Z}_n$. 当 $a_n = 1$ 时,$f(x)$ 就是一个首项系数

为 1 的多项式. 然后在集合 $S = \{a_i, b_i\}$ 中选取适当的 (a, b), 计算 $a + b\alpha$ 与 $a + bm$. 这样就可以经由 $\alpha \to m$ 定义一个环同构映射

$$\Phi : Z[\alpha] \to Z_n. \qquad (8.2)$$

然后, 计算、筛选出符合条件的 x, y

$$\prod(a - b\alpha)$$

$$\Phi\left(\prod(a - b\alpha)\right) \qquad \prod\Phi(a - bm)$$

$$\Phi(\gamma^2) \qquad \Phi(\beta)^2$$

$$\Phi(\gamma)^2 \qquad y^2$$

$$x^2$$

现假定要分解 $n = 84101$. 可以令

$$n = 84101 = 290^2 + 1,$$

$$m = 290,$$

$$f(x) = x^2 + 1,$$

$$f(x) \equiv f(m) \equiv 0 \pmod{n}.$$

然后要筛选出 $a + bi$ 中左右两边都可以构成平方的 (a, b), 这一步可以通过计算 $a + bi$ 的范数

$N(a+bi)$来确定(表 8.1).

表 8.1

a,b	$N(a+bi)$	$a+bm$
$-50,1$	$2501=41\cdot 61$	$240=2^4\cdot 3\cdot 5$
$-50,3$	$2509=13\cdot 193$	$820=2^2\cdot 5\cdot 41$
$\vdots$		
$-49,43$	$4250=2\cdot 5^3\cdot 17$	$12421=12421$
$\vdots$		
$-38,1$	$1445=5\cdot 17^2$	$252=2^2\cdot 3^2\cdot 7$
$\vdots$		
$-22,19$	$845=5\cdot 13^2$	$5488=2^4\cdot 7^3$
$\vdots$		
$-118,11$	$14045=5\cdot 53^2$	$3072=2^{10}\cdot 3$
$\vdots$		
$218,59$	$51005=5\cdot 101^2$	$17328=2^4\cdot 3\cdot 19^2$

由于通过组合 $N(-38+i)$ 和 $N(-22+19i)$ 可以构成平方数 $(5\cdot 13\cdot 17)^2$,因此可以得到

$$(-38+i)(-22+19i)=(31-12i)^2.$$

通过令 $i=m$,可以得到

$$x=f(31-12i)=31-12m=-3449.$$

至于 y 的值,此时已是唾手可得,根本就不必计

算

$$252 \cdot 5488 = (2^3 \cdot 3 \cdot 7^2)^2 = 1176^2,$$

所以

$$y = 1176.$$

因此

$$\gcd(x \pm y, n) = \gcd(-3449 \pm 1176, 84101)$$
$$= (2273, 37),$$

从而得到分解式 $84101 = 2273 \cdot 37$. 同样,通过组合 $N(-118+11i)$ 和 $N(218+59i)$ 也可以构成平方数 $(5 \cdot 53 \cdot 101)^2$

$$(-118+11i)(218+59i) = (14-163i)^2.$$

所以

$$x = f(14-163i) = 14 - 163m = -47256.$$

由于

$$3071 \times 173288 = (2^7 \cdot 3 \cdot 19)^2 = 7296^2,$$

所以 $y = 7296$. 因此

$$\gcd(x \pm y, n) = \gcd(-47256 \pm 7296, 84101)$$
$$= (37, 2273).$$

从而得到

$$84101 = 37 \cdot 2273.$$

数域筛法特别适合于分解 130 位(十进制位)以上的一般整数(此时的 NFS 称作 GNFS,

即一般数域筛法),其计算复杂性为

$$T(\text{GNFS}) = \mathcal{O}\left(\exp\left(\left(\frac{64}{9}\right)^{1/3} (\log n)^{1/3} (\log \log n)^{2/3} \right) \right).$$

虽然这也是一个亚指数复杂性的算法,但它却比其他任何已知的亚指数复杂性分解算法(如二次筛法 QS)要快得多. GNFS 比较成功的分解实例有

（1）RSA-130：

18070820886874048059516561644059055662781025167694

013491701270214,

50056662540244048387341127590812303371781887966563

182013214880557.

该数具有 130 个十进制位、431 个二进制位（分解于 1996 年 4 月 10 日,总共用了 1000 MIPS 年),其两个质因数分别为

39685999459597454290161126162883786067576449112810

064832555157243,

45534498646735972188403686897274408864356301263205

069600999044599.

（2）RSA-140：

21290246318258757547497882016271517497806703963277

21627823338321538194,

99840564959113665738530219183167831073879953172308

89569230873441936471.

该数具有 140 个十进制位、465 个二进制位（分解于 1999 年 2 月 2 日, 总共用了 2000 MIPS 年）, 其两个质因数分别为

33987174230284385545301236276138758356339864959695
97423490929302771479,

62642001874012850961516549482644422193020371786235
09019111660653946049.

（3）RSA-155：

10941738641570527421809707322040357612003732945449
20599091384213147634998842889,

34784717997257891267332497625752899781833797076537
24402714674353159335433333897.

该数具有 155 个十进制位、512 个二进制位（分解于 1999 年 8 月 22 日, 总共用了 8000 MIPS 年）, 其两个质因数分别为

10263959282974110577205419657399167590071656780803
80668033419335217907113077779,

10660348838016845482092722036001287867920795857598
92915222706082371930628086443.

（4）RSA-160：

21527411027188897018960152013128254292577735888456
75980170497676778133145218591,

35673011059773491059602497907111585214302079314665
20284014061994699492757040753.

该数具有 160 个十进制位、530 个二进制位
(分解于 2003 年 4 月 1 日),其两个质因数分别
为

45427892858481394071686190649738831656137145778469
793250959984709250004157335359,

47388090603832016196633832303788951973268922921040
957944741354648812028493909367.

(5) RSA-576:

18819881292060796383869723946165043980716356337941
73827007633564229888597152346654853190606060650474304531
738801130339671619969232120573403187955065699622130516
8759307650257059.

该数具有 174 十进制位、576 个二进制位
(分解于 2003 年 12 月 3 日),其两个质因数分
别为

39807508642406493739712550055038649119906436234252
6708406385189575946388957261768583317,

47277214610743530253622307197304822463291469530209
7116459852171130520711256363590397527.

(6) RSA-640:

31074182404900437213507500358885679300373460228427
275457201619488232064405180815045563468296717232867824
379162728380334154710731085019195485290073377248227835
25742386454014691736602477652346609.

该数具有 193 十进制位、640 个二进制位（分解于 2005 年 11 月 4 日），其两个质因数分别为

16347336458092538484431338838650908598417836700330 9231218111085238933310010450815121211816751579，

19008712816648221131268515739354139754718967899685 15493666638539088027103802104498957191261465571.

（7）RSA-200：

27997833911221327870829467638722601621070446786955 42853756000992932612840010760934567105295536085606 1822351910951365788637105954482006576775098580557 6135790987349501441788631789462951872378692218239 83.

该数具有 200 十进制位、663 个二进制位（分解于 2005 年 5 月 9 日），其两个质因数分别为

35324619344027701212726049781984643686711974001976 25023649303468776121253679423200058547956528088349，

79258699544783330333470858414800596877379758573642 199607343330341455767872818152135381409304740185467.

下一个未被分解的最小的 RSA 数为 RSA-210：

24524664490027821197651766357308801846702678767833 27597434144517150616008300385872169522083993320715 4910362682719167986407977672324300560059203563124656121846

5817904100131859299619933817012149335034875870551067.

这是一个 210 位的整数(696 个二进制位),目前
人们对它的质因数一无所知(当然,RSA 除
外).

假定 D 为给定年间所能分解的最大"一般
整数"的十进制位数,则根据"一般数域筛法"
(GNFS) 的分解能力和莫氏(Moore's)定理,可
以得到如下的年间和分解位数的近似公式:

$$\sqrt[3]{D} = \frac{Y - 1928.6}{13.24}$$

或

$$Y = 13.24 \sqrt[3]{D} + 1928.6,$$

其中,Y 表示年间,D 表示可以分解的位数. 例
如,给定 $D=309$(也即 1024 个二进制位),那么
$Y = 2018$. 这也就是说,按照目前的情况,到
2018 年,人们应用 NFS 分解一般整数的能力可
望达到 1024 个十进制位(目前实用的 RSA 系
统一般均采用模 n 为 1024 个二进制位的合
数).

细心的读者可以发现,用"二次筛法"分解
RSA-129,用了 5000 个 "MIPS 年", 而用 NFS
分解 RSA-130,才用 1000 个 "MIPS 年". 因此,
对于 130 位以上的整数,最好直接使用 NFS,而

113

不主张用 QS(尽管 QS 还可用,但它显然大大地慢于 NFS).

将一般数域筛法(GNFS)略加改进,就可应用于特殊整数的分解(此时的 NFS 称作 SNFS,即特殊数域筛法),其速度还能更快些.具体而言,就是其复杂性公式中的常数 $\frac{64}{9}$ 可以降低到 $\frac{32}{9}$. 前面提到的椭圆曲线分解法 ECM,也是一种亚指数复杂性的算法,其复杂性为

$$\mathcal{O}(\exp(2(\log p \log \log p)^{1/2})).$$

由于 ECM 算法的复杂性依赖于 n 中的质因数 p 而不依赖于 n 本身,因此它仅适合于一些特殊形式的、具有小质因数的整数,并且速度还没有 NFS 快. 所以,不管是一般分解还是特殊分解,NFS 都是到目前为止最好最快的算法.

综上所述,目前所有可实际应用的整数分解算法,其计算复杂性都远远超出了多项式的范围,其速度都很慢. 但是有一个例外:假如有量子计算机的话,那么整数分解则可在多项式时间内完成,其计算复杂性为 $\mathcal{O}((\log n)^{2+\varepsilon})$,其中,$0 < \varepsilon < 1$ 为一实常量. 假如要分解 179359,可以在乘法群 Z_{179359}^* 中选定一个元素 a(如 $a =$

114

3),然后计算这个元素的阶 (order)r.阶 r 的计算很简单,可以按 $3,3^2,3^3,\cdots$ 依次计算(当然每次都要模上 179359),一直到余数为 1 为止

$$3^1 \equiv 3(\bmod 179359),$$
$$3^2 \equiv 9(\bmod 179359),$$
$$3^3 \equiv 27(\bmod 179359),$$
$$\vdots$$
$$3^{1000} \equiv 31981(\bmod 179359),$$
$$\vdots$$
$$3^{14717} \equiv 119573(\bmod 179359),$$
$$3^{14718} \equiv 1(\bmod 179359).$$

此时,得到

$$r = 14718.$$

一旦得到 r,计算

$$\gcd(a^{r/2} \pm 1, N) = \gcd(3^{14718/2} \pm 1, 179359)$$
$$= (67, 2677),$$

从而达到分解 $179359 = 67 \cdot 2677$ 的目的,并且得到这种非平凡分解的概率要大于 $\dfrac{1}{2}$. 显然,这种穷举式的计算方法所需的运算量实在太大,如当所需的乘法运算次数需要 10^{150} 时,任何电子计算机都根本无法承受,因为就算有每秒运算一亿

亿次(即 10^{12})的巨型计算机,也大约需要 10^{130} 年的计算时间,而这简直是不可能的事情.但是,量子计算机却可以轻而易举地完成这种复杂的关于阶的计算(并且它还就特别擅长于这种阶的计算),因为量子计算机可以通过使用一些快速的量子傅里叶(FFT)变换技巧,快速、并行地将阶 r 算出,而这一点电子计算机是根本做不到的.但是很遗憾的是,目前还没有实用的量子计算机.就目前来讲,最先进的实验型的量子计算机,只能分解像 $15 = 3 \times 5$ 这样的很小的整数.显然,这种量子计算机的计算能力还不如一个幼儿园的儿童,因此它根本就没有任何实际应用价值.但是,量子分解算法毕竟是目前整数分解研究领域中的一个重要研究、发展方向,其前途应该说还是不可估量的,因为谁也很难预测未来!

思考/科研题八

(1)[思考题] 假定 $14885 = 5 \cdot 13 \cdot 229 = 122^2 + 1$,令 $m = 122$. 应用 NFS 分解 n.

(2)[科研题] 应用 NFS 分解如下这个 463 位(1536 个二进制位)的整数:

1847699703217414747430683562020016440301854933866634

10171471785774910651696711161249859337684305435744585616061544571794052229717732524660960646946071249623720442022269756756687378427562389508764678440933285157496578843415088475528298186726451339863364931908084671990431874381283363502795470282653297802934916155811881049844908319545009848393775227272570525785919449938700736957556884369338127796130892303925696952532616208236764903160365513714479139323471695669880669.

任何个人或组织只要能分解出这个数，就可以得到 RSA 数据安全公司给予的 15 万美元的奖金.

9 柳暗花明、密码新法

中国有句古话:"物极必反,否极生泰."有时候,坏事可以变成好事;有时候,坏事简直就是好事!以战争为例,狂风暴雨、大雪封山对战争的一方可能是坏事,但对战争的另一方则可能完全就是好事.两千多年来,人人都知道整数分解看起来容易做起来难,但谁都没有想到会去利用一下整数分解这件难事来做一些有益的事情,尤其没有人会想到去利用整数分解的难解性来设计一种不可破译的密码体制(尽管人类研究密码的历史至少有 5000 年).这种情况一直到 1977 年才得以彻底改变.1976 年美国斯坦福(Stanford)大学的年轻教授 Hellman 与其研究助理 Diffie 在 Merkle(后成为 Hellman 的博士生）的前期研究工作的基础上，发表了一篇划时代的文献《密码学新方向》. 在这篇文章中，他们提出了一种全新的密码体制，即所谓的公钥密码体制(public-key cryptography). 常规的密码体制加密、解密用同一把钥匙，而在 Diffie-Hellman 的公钥密码体制中，加密、解密用两把不同的钥匙. 更为称绝的是，加密的钥匙可以公开，称为公钥(public key)，人人都可以用这把公开的钥匙来对信息进行加密，但只有掌握与这把公钥相应的私钥(private key)的人，才可解开这个密码. 不过很遗憾的是，虽然 Diffie 和 Hellman 的这种思想极其优美漂亮，但他们本人并没有能够实现这种全新的思想.

图 9.1　Merkle, Hellman 和 Diffie(从左至右)

1977 年,美国麻省理工学院(MIT)的年轻副教授 Rivest 看到 Diffie-Hellman 的论文后,拍手称绝,跃跃欲试,当即和他的另外两名年轻的同事 Shamir 和 Adleman 讨论、商量如何实现 Diffie-Hellman 的创新性的思想.经过无数个不眠之夜的奋斗,一个又一个的方案被提出,一个又一个的方案又被否决.但功夫不负有心人,他们最终别出心裁地、极为巧妙地利用整数分解的难解性,实现了 Diffie-Hellman 梦寐以求的公钥密码体制的思想,并据此设计出了一种极为优美、十分简洁,但又非常安全的密码体制(现统称为 RSA 密码体制).这种体制距今已被广泛应用了 30 余年,却一直未能被"完全"攻破.MIT 将他们的这种创新视作是 MIT 建校 100 多年来的重大发明创造之一.为了表彰 Rivest,Shamir 和 Adleman 三人(图 9.2)对密码学与信息安全的重大贡献,美国计算机协会(ACM)特意将 2002 年的图灵奖授给了他们三个人.其实,RSA 的思想非常简单,具有中小学数学水平的人都可以理解、使用:

(1) 首先找到两个至少为 100 个十进制位的质数 p 和 q,之后将 p 和 q 相乘得到乘积 $n = pq$.这个乘积将是一个约 200 个十进制位的合数. 这两个质数的获得以及这个乘积的获得从计算上讲都是件比较容易的事情.

（2）但是，从另一方面讲，当被给定的 n 超过 200 个十进制位时，要将 p,q 从 n 中分解出来，则是一件非常困难的事情，困难得犹如在地球上看月亮，可望不可及.

图 9.2　Shamir, Rivest 和 Adleman（从左至右）

从数学上讲，整数的乘法和整数的分解既是一对可逆运算，又是一对单向函数，即

$$(p,q) \rightarrow n$$

不困难，但

$$n \rightarrow (p, q)$$

则是非常得困难. 这就犹如交通道上的单行线, 只能从某一个方向过来, 但却不能从其反方向过去. 而这点正是 Diffie-Hellman 创立的公钥密码体制的基本要求: 加密要尽可能得容易, 解密则要尽可能得困难 (至少对敌方、对无关人士应是如此). 而 RSA 的最大优越性, 就是加密可以设计得非常容易, 解密可以设计得非常困难, 但若掌握了某些秘诀 (如质数 p 和 q), 解密就和加密一样得容易了. RSA 的具体操作过程可大概描述如下:

(1) 加密: $C \equiv M^e \pmod{n}$;

(2) 解密: $M \equiv C^d \pmod{n}$,

其中, M, C 分别为明码和密码, e 为公开的加密钥匙, d 为必须保密的解密钥匙, $n = pq$ (其中, p, q 为质数, 必须保密、不能泄漏, 但 n 可以公开, 无需保密, 这里的关键所在是公开 n 并不影响 p, q 的保密, 尽管 p, q 来自于 n) 为加密、解密运算均需之模且满足 $ed \equiv 1 \pmod{(p-1)(q-1)}$. 由于 (e, n) 是公开的信息, 因此要想破译 C, 只需计算 $d \equiv 1/e \pmod{(p-1)(q-1)}$. 但由于 p, q 未知, 因此要想知道 p, q, 必须整数分解 n. 由于整数分解很困难, 因此 d 的计算很困难.由于 d 的计算很困难,因而破译 C 就很困难.换句话说,要知道了 p,q,将一通百通.可要是不知道 p,q,将苦难重重、一无所知、一窍不通.这就是 RSA 的整个思想!

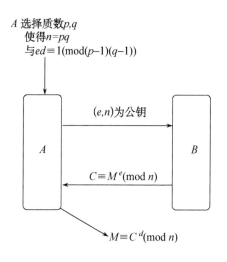

图 9.3　RSA 密码体制示意图

现在,来分析研究一下 RSA 的攻击、破译问题(也就是给定 C,要得到 M,记为 RSA($C\to M$),其中,e,n 是已知的、公开的).显然攻击、破译 RSA 的最简单、最直接的方法就是整数分解 RSA 的模 n. Rivest-Shamir-Adleman 在创立 RSA 密码体制时曾猜测

$$\text{IFP}(n)\Leftrightarrow\text{RSA}(C\to M).$$

换句话说就是,破译 RSA 的密码 C 以得到其明码 M 等价于整数分解 n. 显然,很容易证明,只要能够整数分解 $n = pq$,那么根据已知的信息 (e,n) 和已截获到的 C,可以很容易地计算出 d,从而可以很容易地从 C 中恢复 M. 这也就是说,

$$\text{IFP}(n) \Rightarrow \text{RSA}(C \to M).$$

但是,目前还不能证明

$$\text{IFP}(n) \Leftarrow \text{RSA}(C \to M).$$

从现有的研究情况看,破译 RSA 的密码 C 要比整数分解 n 容易些,也即破译 C 并非一定要整数分解 n. 当然,要能整数分解 n,RSA 就不攻自破了.

说到攻击、破译 RSA,其实还有一个相当有趣的故事. 1977 年 4 月,当 Rivest 等 3 人创立 RSA 公钥密码体制时,Rivest 亲自从波斯顿 (Boston,MIT 所在地) 赶到纽约找到《科学的美国人》(*Scientific American*) 的数学专栏作家 Martin Gardner,希望他能在《科学的美国人》上对 RSA 密码体制作一个介绍,以扩大一下 RSA 的影响,因为《科学的美国人》是美国发行量最大的科普杂志. 其实 Gardner 并非科班出身的数学家而只是一个数学爱好者,但他文笔锋利,

并且善于"蛊惑人心",擅长于"玩把戏变魔术";
据他自己讲,其玩魔术的水平达专业水平、可以
登台表演. 因此他把 Rivest 等 3 人的发明写成
一篇短小精悍的科普文章 *A new kind of ci-
pher that would take millions of years to break*
(一种新的需数百万年时间方可破译的密码体
制)登载在《科学的美国人》1977 年第 237 卷第
2 期第 120～124 页上. 正是这篇文章,使 RSA
一举成名. 可以毫不夸张地说,如果没有 Gard-
ner 的通俗介绍,RSA 三人至今可能还默默无
闻,更不用说获得图灵奖了. 这篇文章有一个特
别吸引人的地方,就是给出了下面这段短短的
用 RSA 体制加密的密码:

9686	9613	7546	2206
1477	1409	2225	4355
8829	0575	9991	1245
7431	9874	6951	2093
0816	2982	2514	5708
3569	3147	6622	8839
8962	8013	3919	9055
1829	9451	5781	5154

并"炒作煽动"说:破译这段密码要数百万年的

时间. 这样一下子就吸引了成千上万的"好奇者"(专业的、业余的、官方的、军方的、民间的全有)来试图破译这段密码. 当然,最后的结局是,没有一个人能破译. 这样,这些成千上万的好奇者又群起攻击 Gardner 和 Rivest,说这完全是一段根本无法破译的死码,是一个骗局. 当然,不管怎么讲,这确实是一段由 RSA 密码体制编制的密码.

现在再来看看这段引起巨大轰动的密码是怎样被破译的. 首先注意到,这段密码其实就是一个 128 位的整数,按惯例称其为 C,它是由公式

$$C \equiv M^e (\text{mod } n) \tag{9.1}$$

加密而得到的,其中,$e = 9007$,n 为如下这个被称之为 RSA-129 的整数,也就是在第 7 章中提到的那个 129 位的数:

114381625757888867669235779976146612010218296721242362562561842935706935245733897830597123563958705058989075147599290026879543541.

显然,式(9.1)中的 4 个数已经知道了 3 个,只有 M 一个是未知数. 从理论上讲,求解 M 没有任何问题,因为至少可以通过如下的开方运算而得到:

$$M \equiv \sqrt[e]{C} (\bmod\ n).\qquad(9.2)$$

但在实际上,会遇到很大的麻烦,因为进行这种开方运算的先决条件是分解 n. 同时,根据前面关于 RSA 的介绍,也可以先把 $\phi(n)$ 或 d 算出来,然后再计算

$$M \equiv C^d (\bmod\ n).\qquad(9.3)$$

但是计算 $\phi(n)$ 或 d 的先决条件也是要分解 n. 所以,如果能分解 n,那么求解 M 简直就是小菜一碟. 反之,如果不能分解 n,那么在现有的条件下,还没有别的更好的破译方法,这就需要强攻硬算,把 n 分解出来,以达到"破门而入"的目的. 当然,要分解 n,不是靠吵吵闹闹、蜂拥而上就能解决的问题. 最后的结局是,由几位活跃的计算数论专家挑头,组织了分布在世界 20 多个国家的 600 多名犹如"足球迷"一样的"整数分解迷",用了 8 个月的时间,把这个数给分解出来了,其总机时量达到 5000 个"MIPS 年". 事实上,这个数的两个质因数 p,q 分别为

34905295108476509491478496199038981334177646384933
87843990820577,

32769132993266709549961988190834461413177642967992
942539798288533.

显然,只要 p,q 一经发现,$d = 1/e (\bmod\ (p-1)$

$(q-1)$）就可以很容易地计算出来：

10669861436857802444286877132892015478070990663393
786280122622449663106312591177447087334016859746230655
39685445132771090053606095.

因此，$M \equiv C^d \pmod{N}$ 也就可以很容易地用下面这个程序给算出来：

Input C

$M \leftarrow 1$

while $d \geqslant 1$ do

    if $d \bmod 2 = 1$

        then $M \leftarrow C \cdot M \bmod N$

    $C \leftarrow C^2 \bmod N$

    $d \leftarrow [d/2]$

    print M (Now $M \equiv C^d \pmod{N}$)

即

$$M = 200805001301070903002315180419000118050019172105011309190800151919090618010705.$$

其英文原文为 THE MAGIC WORDS ARE SQUEAMISH OSSIFRAGE，其中，$A = 01$，$B = 02$，$C = 03$，$\cdots$，$Y = 25$，$Z = 26$。翻译成中文就是"这个魔术之字就是令人毛骨悚然的秃鹰"。这种秃鹰就像电影"天葬"里描写青藏高原上那种吃死人肉的山鹰一样，确实是够毛骨悚然的！

思考/科研题九

(1)（思考题） 对于公式

$$y \equiv x^k (\bmod\ n)$$

论证

(i) 为什么给定 x,k,n,计算 y 并不困难?

(ii) 为什么给定 y,k,n,计算 x 很困难?

(iii) 为什么给定 x,y,n,计算 k 很困难?

(2)（科研题）

(i) 证明或反驳

$$\mathrm{IFP}(n) \Leftrightarrow \mathrm{RSA}(C \to M),$$

也即证明或反驳整数分解 n 和破译 RSA 密码 (给定 C 求出 M)是等价的.

(ii)证明在 RSA 密码体制中,计算 RSA 的私钥 d 在确定性多项式时间内等价于整数分解 $n = pq$,即

$$\mathrm{IFP}(n) \Leftrightarrow \mathrm{Comp}(d).$$

这也就是说,只要能分解 $n = pq$,就能计算出 d; 反之,只要能计算出(或给定)d,就能分解 n. 请证明这个命题.

129

10 孙子兵法、兵不厌诈

在第 9 章里提到, 只要能整数分解 RSA 的模 n, RSA 就不攻自破. 但是在很多情况下, 破译 RSA 其实并不需要整数分解 RSA 的模 n, 尤其是当 RSA 的用户或者对 RSA 密码体制掌握不牢, 或者对 RSA 所依据的数论与计算理论理解不透, 或者在具体使用时稍有不慎, 都有可能给敌方或第三者造成可乘之机, "千里之堤, 溃于蚁穴", 无需经过整数分解 n 就将 RSA 密码给破译出来了. 这也从另一个侧面说明, 破译 RSA 可能比整数分解要更容易一些.

现假定一个军事首脑机关要给它的两个下属部门(也可假定一家银行要给它的两个用户)同时发送一份重要文件 M, 当然他们不能采用

简单的加密方法 $C \equiv M^e (\bmod\ n)$ 而将 C 同时发给这两个下属部门,因为那样的话,敌方很容易破译 C. 为了方便,他们可能使用同一个模 n,但用不同的加密钥匙 e_1 和 e_2 对 M 进行加密,从而得到两个不同的密码,即

$$C_1 \equiv M^{e_1} (\bmod\ n)$$

$$C_2 \equiv M^{e_2} (\bmod\ n)$$

其中,$\gcd(e_1, e_2) = 1$. 之后,将 C_1 和 C_2 分发给他们的两个下属部门. 根据下面这个定理,敌方根本不必分解 n,根本不必应用任何私钥信息 $\{d, p, q, \phi(n)\}$ 就可轻而易举地将 C_1 和 C_2 破译,从而得到其共同的明码 M.

定理10.1 假设 $n = n_1 = n_2$ 和 $M = M_1 = M_2$,但 $e_1 \neq e_2$ 且 $\gcd(e_1, e_2) = 1$,使得

$$C_1 \equiv M^{e_1} (\bmod\ n),$$

$$C_2 \equiv M^{e_2} (\bmod\ n),$$

则 M 可以很容易地在多项式时间内计算出来,即

$$\{[C_1, e_1, n], [C_2, e_2, n]\} \stackrel{p}{\Rightarrow} \{M\}. \quad (10.1)$$

为什么呢? 因为 $\gcd(e_1, e_2) = 1$,所以 $e_1 x + e_2 y = 1$,其中,$x, y \in \mathbf{Z}$. 应用(广义)欧几里得算法,可以很快地算出 x, y. 从而可以得到

131

$$C_1^x C_2^y \equiv (M_1^{e_1})^x (M_2^{e_2})^y$$

$$\equiv M^{e_1 x + e_2 y}$$

$$\equiv M(\bmod n).$$

举一个例子来说明这个问题. 假定

$e_1 = 9007,$

$e_2 = 65537,$

$M = 19050321180920251905182209030519,$

$N = 11438162575788867669235779976146$
$61201021829672124236256256184293 5$
$70693524573389783059712356395870 5$
$05898907514759929002687954354 1.$

因此

$C_1 \equiv M^{e_1} \bmod n$

$\equiv 10420225094119623841363838260797 4$
$12577444908472492959125743374588 9$
$26529777171718241302464293807835 1$
$9790899453434074641613779772 12,$

$C_2 \equiv M^{e_2} \bmod n$

$\equiv 76452750729188700180719970517544 5$
$74710944757317909896041340987488 2$
$85573190280783480309084978021563 3$
$9649075975060051949607130434 8.$

现在再来求解

$$9007x + 65537y = 1.$$

首先将 $\dfrac{9007}{65537}$ 展成连分数

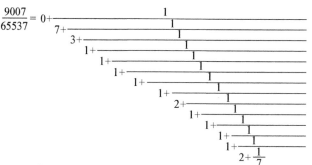

$$= [0,7,3,1,1,1,1,2,1,1,1,2,7]$$

并得其逐个渐近分数

$$\left[\begin{array}{c} 0, \dfrac{1}{7}, \dfrac{3}{22}, \dfrac{4}{29}, \dfrac{7}{51}, \dfrac{11}{80}, \dfrac{18}{131}, \dfrac{29}{211}, \dfrac{76}{553}, \\ \dfrac{105}{764}, \dfrac{181}{1317}, \dfrac{286}{2081}, \dfrac{467}{3398}, \dfrac{1220}{8877}, \dfrac{9007}{65537} \end{array}\right],$$

从而得到

$$\begin{cases} x = (-1)^{n-1} q_{n-1} = (-1)^{13} 8877 = -8877, \\ y = (-1)^n p_{n-1} = (-1)^{14} 1220 = 1220. \end{cases}$$

所以

$$M \equiv C_1^x C_2^y$$

$$\equiv 10420225094119623841363838260797412577444908472492959125743374588926529777171718241302464293807835197908994534340746416137797721 2^{-8877}$$

$$\cdot\ 76452750729188700180719970517544574710944757317909896041340987488285573190280783480309084978021563396490759750600519496071304348^{1220}$$

$$\equiv 19050321180920251905182209030519$$

$$(\bmod n).$$

这样,不费吹灰之力就将 M 给计算出了.

由上述的攻击方法知,在任何时候,都不要使用同一个 RSA 的模 n. 下面再来看当 e 选取不合适时,也能很快从 C 中算出 M.

定义 10.1 假定 $1<x<n$. 如果

$$x^{e^k} \equiv x(\bmod n), k \in \mathbf{Z}^+,$$

则 x 被称为 RSA(e, n) 的不动点, k 称为这个不动点的阶.

定理 10.2 假定 C 是阶为 k 的 RSA(e, n) 的不动点. 如果

$$C^{e^k} \equiv C(\bmod n), \quad k \in \mathbf{Z}^+,$$

则

$$C^{e^{k-1}} \equiv M(\bmod n), \quad k \in \mathbf{Z}^+.$$

该定理的正确性是显然的,因为 RSA 加密
$C \equiv M^e (\bmod n)$ 实际上就是集合 $\{0, 1, 2, \cdots,$
$n-1\}$ 上的一个置换,因此,整数(不动点) $C^{e^k} \equiv$
$C(\bmod n)$ 一定存在.同理,

$$C^{e^{k-1}} \equiv M(\bmod n)$$

也一定存在,因为

$$C^{e^k} \equiv C(\bmod n)$$

$$\Rightarrow C^{e^k} \equiv M^e(\bmod n)$$

$$\Rightarrow C^{e^{k-1}e} \equiv M^e(\bmod n)$$

$$\Rightarrow (C^{e^{k-1}})^e \equiv M^e(\bmod n)$$

$$\Rightarrow C^{e^{k-1}} \equiv M(\bmod n).$$

定理 10.2 提供了一种破译 RSA 密码的简洁方
法

$$C^e \quad C^{e^2} \quad C^{e^3} \quad \cdots \quad C^{e^{k-1}} \quad C^{e^k}$$

$$\Uparrow \quad \Downarrow$$

$$M \quad C$$

这也就是说,计算序列 $C^{e^k}, k = 0, 1, 2, \cdots,$ 直到
$C^{e^k} \bmod N = C$ 为止.此时,该序列倒数第 2 个值
$C^{e^{k-1}} \bmod n$ 便为 M(图 10.1).

135

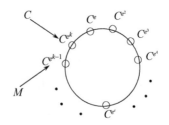

图 10.1 不动点攻击

从 RSA 的原文(参见书后的参考文献)的第 124 页中选一个例子来说明问题:

$$e = 17,$$
$$n = 2773,$$
$$C = 2342.$$

现构造序列 $C^{e^k} \bmod n, k = 1, 2, 3, \cdots,$

2365 1157 2018 985 1421 2101 1664 2047 1539 980

1310 1103 1893 1629 2608 218 1185 1039 602 513

772 744 720 2755 890 2160 2549 926 536 449

2667 2578 182 2278 248 454 1480 1393 2313 2637

2247 1688 <u>1900</u> <u>2342</u>

$$\Uparrow \qquad \Downarrow$$

$$M \qquad C$$

由于 $C \equiv 2342^{17^{44}} \pmod{2773}$ 为 $k = 44$ 的 RSA $(17, 2773)$ 的不动点,因此 $M \equiv C^{17^{43}} \equiv 1900 \pmod{2773}$ 就是 $C = 2342$ 的明码,并且这很容

易验证

$$1900^{17}(\bmod 2773) = 2342.$$

这个例子也说明,破译 C 根本就没有用到任何 RSA 的私钥信息 $(d, p, q, \phi(N))$. 防止这种攻击的办法就是要尽量提高 $e \bmod \phi(n)$ 的阶.

要介绍的第 3 种攻击方法与 d 的选取有关. 如果 d 的值太小,如 $d < n^{0.25}$,则 d 很容易被计算出来,从而 C 很容易被破译.

定理 10.3 对任何实数 α 和任何整数 $Q > 1$,存在着 $p, q, 0 < q < Q$,使得

$$| q\alpha - p | \leqslant \frac{1}{Q}. \qquad (10.2)$$

这个结果可以推广到

推论 10.1 对任何无理数 α,存在无穷多个整数 $\frac{p}{q}, q > 0$,使得

$$\left| \alpha - \frac{p}{q} \right| < \frac{1}{q^2}. \qquad (10.3)$$

定理 10.4 对任何实数 α,其每一个渐近分数 $\frac{p}{q}$ 满足

$$\left| \alpha - \frac{p}{q} \right| < \frac{1}{2q^2}. \qquad (10.4)$$

进而,对某些 i,

$$\frac{p}{q} = \frac{p_i}{q_i}. \qquad (10.5)$$

定理 10.5 假定 $n = pq$，其中，p, q 为质数且 $q < p < 2q$. 假定

$$1 < e, d < \phi(n), \quad ed \equiv 1 (\mathrm{mod}\ \phi(n)).$$

如果 $d < \frac{1}{3}\sqrt[4]{n}$，则 d 能在多项式时间内进行.

现在要用有理数的连分数来逼近实数.

引理 10.1 假定 $\gcd(e, n) = \gcd(k, d) = 1$ 和

$$\left| \frac{e}{n} - \frac{k}{d} \right| < \frac{1}{2d^2},$$

则 k/d 为 e/n 的连分数的某一个渐近值.

定理 10.6 假定 $n = pq$，其中，p 和 q 为质数，使得

$$\begin{cases} q < p < 2q, \\ d < \frac{1}{3}\sqrt[4]{n}, \end{cases} \qquad (10.6)$$

则给定 (e, n)，d 能快速算出.

证明 由于 $ed \equiv 1 (\mathrm{mod}\ \phi(n))$，故

$$ed - k\phi(n) = 1, \quad k \in \mathbb{Z}.$$

从而

$$\left| \frac{e}{\phi(n)} - \frac{k}{d} \right| = \frac{1}{d\phi(n)}.$$

再因 $n=pq>q^2$,故 $q<\sqrt{n}$. 同时因 $\phi(n)=n-p-q+1$,故

$$0<N-\phi(n)=$$

$$p+q-1<2q+q-1<3q<3\sqrt{n}.$$

现在

$$\left|\frac{e}{n}-\frac{k}{d}\right|=\left|\frac{ed-kn}{dn}\right|$$

$$=\left|\frac{ed-kn+k\phi(n)-k\phi(n)}{dn}\right|$$

$$=\left|\frac{1-k(n-\phi(n))}{dn}\right|$$

$$<\frac{3k\sqrt{n}}{dn}$$

$$=\frac{3k}{d\sqrt{n}}$$

$$<\frac{1}{2d^2}.$$

因此,由引理 10.1,k/d 必为简单连分数 $\frac{e}{n}$ 之一渐近式. 所以如果 $d<\frac{1}{3}\sqrt[4]{n}$,则 d 可在多项式时间内,经由若干个计算 $\frac{e}{n}$ 的渐近式的步骤而得到. 证毕.

也举一个例子来说明这种攻击方法. 假定 n

$=160523347, e=60728973$，则 e/n 连分数为

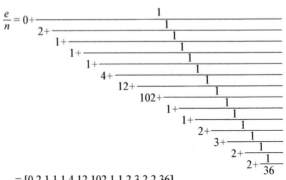

$=[0,2,1,1,1,4,12,102,1,1,2,3,2,2,36],$

其渐近分数 $P_i/Q_i, i=0,1,2,\cdots,14$ 为

$$\left[0,\frac{1}{2},\frac{1}{3},\frac{2}{5},\frac{3}{8},\frac{14}{37},\frac{171}{452},\frac{17456}{46141},\frac{17627}{46593},\frac{35083}{92734},\right.$$
$$\left.\frac{87793}{232061},\frac{298462}{788917},\frac{684717}{1809895},\frac{1667896}{4408707},\frac{60728973}{160523347}\right].$$

由于 k/d 的值必定是 e/n 的连分数的某一个渐近分数. 至于是哪一个，此时并不知道，但很容易确定，并且有很多方法可以确定，其中，最简单的办法就是选定一个 $a\geqslant 2$，然后测试、检验，看下面序列中的哪一个数

$2,3,5,8,37,452,46141,46593,92734,$

$232061,788917,1809895,4408707,160523347$

能作为 d，满足 $a^{ed}\equiv a\pmod{n}$ 的条件

$2^{60728973 \cdot 2} \bmod 160523347 = 137369160 \neq 2,$

$2^{60728973 \cdot 3} \bmod 160523347 = 93568289 \neq 2,$

$2^{60728973 \cdot 5} \bmod 160523347 = 73692312 \neq 2,$

$2^{60728973 \cdot 8} \bmod 160523347 = 30860603 \neq 2,$

$2^{60728973 \cdot 37} \bmod 160523347 = 2.$

故 37 为所需的 d,即 $d = 37$.

事实上,上述攻击方法不仅将 d,而且同时也将 RSA 的其他 3 个密钥信息 $\{\phi(n), p, q\}$ 全部都计算出来了,这真可谓是"一箭四雕". 例如,由引理 10.1 知道,k/d 必定是 e/n 的某一个渐近分数,当然现在已经知道 $k/d = P_5/Q_5$ (就是不知道,也很容易算出),所以可以轻而易举地把 $\phi(n)$ 算出

$$
\begin{aligned}
\phi(n) &= (ed - 1)/P_5 \\
&= (60728973 \cdot 37 - 1)/14 \\
&= 160498000.
\end{aligned}
$$

至于 p, q,唾手可得

$$x^2 - (n - \phi(n) + 1) + n = 0$$

$$\Rightarrow x^2 - (160523347 - 160498000 + 1)x + 160523347$$

$$\Rightarrow x = \{p, q\} = \{12347, 13001\}.$$

最后要特别强调一点,现代密码的攻击和破译还常常夹杂着使用一些先进的"特工侦探"

技术. 这也就是说, 密码破译不光是一个纯粹的数学或计算问题. 如果能利用一些先进的"特工侦探"技术, 也有可能快速地分解 n 或求出 d. 例如, 要破译一段 RSA 密码, 最好的办法就是分解这段密码所依赖的 n 或找到 d. 可是并不知道 p 和 q 或 d, 但是通过一些特殊的"特工侦探"技术, 了解并得到一小部分 p 和 q 或 d 的信息, 则还是很可能的. 事实上, 这也正是各国军用情报部门的一项重要工作和任务. 假定 n 有1000 个二进制位, 如果通过一定的特工手段, 能够侦探到 p(或者 q)的前 250 个二进制位(或后250 个二进制位), 就能快速地将 n 分解出来. 所以从密码破译的观点看, 这也是整数分解的一个值得注意的研究、发展方向. 下面的定理 10.7表明, 如果 e 足够小的话, 那么一旦 d 的一小部分二进制位被"侦探"到, d 就可以很快被算出. 先引进一个引理.

引理 10.2 设 $n=pq$ 为一具有 β 个二进制位的 RSA 模, 使得质数 p 大概具有 $\beta/2$ 二进制位. 则给定或者 p 的低位上的 $\beta/4$ 位, 或者 p 的高位上的 $\beta/4$ 位, 总存在着一个分解 $n=pq$ 的多项式时间复杂性的算法.

定理 10.7 假定 n 为 β 二进制位的 RSA

模,则给定 d 的低位上的 $\beta/4$ 位, d 可很快被算出.

证明 设 $n=pq$ 和 $ed\equiv 1\ (\mathrm{mod}\ \phi(n))$,则总存在着整数 k,使得

$$ed-k\phi(n) = ed-k(n-p-q+1) = 1.$$

由于 $d<\phi(n)$,故 $0<k\leqslant e$. 将方程 $ed-k(n-p-q+1) = 1$ 两边同时乘以 p,令 $q=n/p$,并将其规约到模 $2^{\beta/4}$ 上,得到

$$p(ed)-kp(n-p+1)+kn \equiv p(\mathrm{mod}\ 2^{\beta/4}).$$

在此同余式中,密码破译者(敌方)张三知道 (n, e) 以及 d 的低位上的 $\beta/4$,因此他知道 $ed\ \mathrm{mod}$ $2^{\beta/4}$ 的值,从而得到一个以 k 和 p 为变量的方程. 对每一个 k 的 e 个可能值,张三求解 p 的二次方程,从而得到若干 $p\ \mathrm{mod}\ 2^{\beta/4}$ 的候选值. 当然,张三不知道哪一个候选值就是所需之值. 因此,应用引理 10.2 所导出的算法,张三对每一个候选值试验性地去分解 n. 可以证明,对于 $p\ \mathrm{mod}\ 2^{\beta/4}$,至多只需试验 $e\log_2 e$ 次. 因此,在经过至多 $e\log_2 e$ 次试错之后, n 一定能被分解出来. 证毕.

假定 $n=1633=23\cdot 71,e=23=(11001100001)_2$ (11 个二进制位),再假定敌方利用特殊手段"侦探"到 d 的低位上的 3 位(如是 011,也就是十进

制的 3),那么 d 很容易被计算出来. 具体计算步骤如下:

(1) 由于

$$ed_0 \equiv 1 + k(n - s + 1)(\mathrm{mod}\ 2^{n/4}),$$

其中,$s = p + q$. 因此

$$23 \cdot 3 \equiv 1 + k(1633 - s + 1)(\mathrm{mod}\ 2^3)$$

$$\Rightarrow 69 - 1 \equiv k(1633 - s + 1)(\mathrm{mod}\ 8)$$

$$\Rightarrow 4 \equiv k(1633 - s + 1)(\mathrm{mod}\ 8)$$

$$\Rightarrow s \equiv 6(\mathrm{mod}\ 8).$$

(2) 此时敌方求解方程

$$p^2 - sp + n \equiv 0(\mathrm{mod}\ 2^{n/4})$$

$$\Rightarrow p^2 - 6p + 1633 \equiv 0(\mathrm{mod}\ 2^3)$$

$$\Rightarrow p^2 - 6p + 6 \equiv 7(\mathrm{mod}\ 2^3)$$

$$\Rightarrow p = 7,$$

$$p = 3.$$

(3) 令 $p_0 \equiv 7 \equiv p(\mathrm{mod}\ 8)$,$q_0 \equiv q(\mathrm{mod}\ 8)$.

故有

$$p_0 q_0 \equiv 1633$$

$$\Rightarrow 7q_0 \equiv 1(\mathrm{mod}\ 8)$$

$$\Rightarrow q_0 \equiv 7(\mathrm{mod}\ 8).$$

144

(4) 建立并求解下列方程:

$$f(x,y) = 0$$

$$\Rightarrow (rx + p_0)(ry + q_0) - n = 0$$

$$\Rightarrow (8x + 7)(8y + 7) - 1633 = 0$$

$$\Rightarrow x = 2,$$

$$y = 8$$

$$\Rightarrow p = 8 \cdot 2 + 7 = 23,$$

$$q = 8 \cdot 8 + 7 = 71.$$

(5) 再以如下方法计算:

$$ed - k\phi(n) = 1$$

$$\Rightarrow 23d - (23 - 1)(71 - 1) = 1$$

$$\Rightarrow 23d - 1540k = 1$$

$$\Rightarrow d = 67.$$

故得 $d = 67$. 因此,任何用 $(n,e) = (1633,23)$ 作为 RSA 体制加密的密码,均可用 $d = 67$ 解密.

这也就是说,假定 $d = 67 = 1000011_2$,如果通过特殊的侦听、截获手段,获取到 d 的 3 个低位上的信息 011,就有可能快速地利用现代数论计算技巧将 d 的所有位 1000011 都计算出来. 这确实是够触目惊心的!

更为严重和担惊受怕的是,为了提高加密、

解密的运算速度, RSA 的加密、解密基本上都采用同一个计算模式计算模幂运算

$$C \equiv M^e(\bmod\ n), \quad M \equiv C^d(\bmod\ n).$$

其算法如下:

算法 10.1(快速模幂运算) RSA 加密解密常用的快速模幂算法

Input C and n

Let $d = d_\beta d_{\beta-1}\cdots d_2 d_1 d_0$

$M \leftarrow 1$

for i from 0 to β do

    If $d_i = 1$ then $M \leftarrow M \cdot C(\bmod\ n)$

    $C \leftarrow C^2(\bmod\ n)$

Print M

或等价地应用如下计算模式:

Input d, C and n

$M \leftarrow 1$

While $d \geqslant 1$ do

    If $d \bmod 2 = 1$ then $M \leftarrow M \cdot C(\bmod\ n)$

    $C \leftarrow C^2(\bmod\ n)$

    $d \leftarrow [d/2]$

Print M

这样, 不要说训练有素的特工人员, 就是一

般的电子工程技术人员通过观察、测量计算机硬件对模幂运算所花费的时间或所消耗的能量（因为 1 和 0 所对应的运算是不一样的,对应于 1 的运算时间要长因而消耗的能量要大,而对应于 0 的运算量要小因而消耗的能量要小）,就可以把 d 的二进制位给记录下来,从而得到 d. 例如,当一个智能卡在生成数字签名时采用如下算法：

> Input d, H and n
>
> $S \leftarrow 1$
>
> While $d \geqslant 1$ do
>
>   If $d_i = 1$
>
>   then $S \leftarrow S \cdot H \bmod n$
>
> $H \leftarrow H^2 \bmod n$
>
> $d \leftarrow [d/2]$
>
> print S

那么, d 很容易被侦探出来,因为 1 对应的运算显然比 0 对应的运算要多,所以 1 和 0 很容易被区别出来,而这正是梦寐以求的 d 的信息. 当然,既然有"道高一尺,魔高一丈",自然也会有"魔高一尺,道高一丈". 有矛就有盾,有盾就有矛,世界就是在充满矛盾的运动中不断进步的.

如果在运算上增加些"伪装盲化"运算,使其对于 1 和 0 使用相同的运算时间,那么敌方就分不清哪一位是 1、哪一位是 0 了,参见如下之伪装过程:

Input d, H and n

$S_0 \leftarrow 1$

While $d \geqslant 1$ do

$\qquad S_1 \leftarrow S_0 \cdot H \bmod n$

$\qquad S_0 \leftarrow S_{d_i}$

$\qquad H \leftarrow H^2 \bmod n$

$\qquad d \leftarrow [d/2]$

Print S_0

由于 RSA 的加密运算 $C \equiv M^e (\bmod\ n)$ 和解密运算 $M \equiv C^d (\bmod\ n)$ 必须满足条件

$$ed \equiv 1(\bmod\ \phi(n)),$$

而 $(e, n = pq)$ 又是已知的. 因此,任何对 $e, n, p, q, d, \phi(N)$ 的使用不慎或对 $p, q, d, \phi(n)$ 的保守不密都有可能带来"灭顶之灾". 当然,如果对 RSA 使用得很合理的话,那么上面介绍的这些攻击、破译的方法就很难发挥作用了,这时就只有用强攻硬算的整数分解算法了.

作为本节以及本书的结束,愿在此再次强

调：RSA 密码体制的安全性完全基于整数分解的难解性. 只要整数分解的难解性没有得到彻底解决，那么至少从理论上讲，RSA 就能有它的应用"市场". 当然，科学研究的成果带有很大的随机性、是很难预测的. 就目前来讲，没有人能保证整数分解会"永远"困难，这也就是说，没有人能保证 RSA 会永远安全. 不过有一点，完全不必"杞人忧天". 有矛必有盾，有盾必有矛. 密码设计与密码破译的矛盾之争是永远也不会停止的. 车到山前必有路，船到桥头会自直. 老的密码体制被攻破，新的密码体制自然会诞生. 从数学上讲，如果有一天整数分解能在 P 内解决，自然还会有别的更多甚至更困难的问题在等待着去开发和利用，据其可以设计出更多更安全的密码体制. 这也就是说，一旦 RSA 不安全了，自然会有替换 RSA 的密码体制.

　　这是一个广阔的天地，
　　这是一片知识的海洋，
　　天高任鸟飞，
　　海阔任鱼跃.

欢迎有更多更优秀的青年朋友能够加盟到这一充满挑战性的研究领域!

思考/科研题十

(1)[思考题]

(i)将 $e/n=1497643/399400189$ 展成连分数,再应用连分数逼近法算出 RSA 的解密钥匙 d,并破译 RSA 密码 $C=2006756$.

(ii)证明假定 $n=pq$ 为 RSA 的模,其长度为 β 个二进制位,则若知道 p 的高位(或低位)上的$[\beta/4]$二进制位,则 n 能被快速分解出来.

(2)[科研题] 分解如下这个 617 位(2048个二进制位)的整数:

251959084756578934940271832400483985714292821262040320277771378360436620207075955562640185258807844069182906412495150821892985591491761845028084891200728449926873928072877767359714183472702618963750149718246911650776133798590957000973304597488084284017974291006424586918171951187461215151726546322822168699875491824224336372590851418654620435767984233871847744479207399342365848238242811981638150106748104516603773060562016196762561338441436038339044149526344321901146575444541784240209246165157233507787077498171257724679629263863563 73

2899121548314381678998850404453640235273819513786365643912120103971228221207203 57

RSA 数据安全公司愿出 20 万美元奖给第一个分解出这个数的个人或组织.

11 参考文献、阅读建议

由于 RSA 以及其他许多密码体制的安全性都直接或间接地基于整数分解的难解性,这就使得整数分解成为当前数学、计算机科学与密码学领域的一个极为重要的研究课题,并且也是一个竞争性极强的研究领域,同时也不排除一些秘密的、不公开的研究. 为了帮助有志于在整数分解方面做进一步研究的读者能更全面地了解与此有关的数学理论与计算机算法,在此列出一些参考文献(仅限于英文),并作一些必要的注解.

首先,给出若干重要著作(书籍):

(1) G. H. Hardy and E. M. Wright, An Introduction to the Theory of Numbers, 6th Edi-

tion, Oxford University Press, 2008.

这是当今世界最著名的一本数论书, 1938 年由英国著名数学家 Hardy 和他的学生 Wright 出了第 1 版, 1945 年又出了第 2 版. Hardy 于 1947 年去世后, Wright 又于 1954, 1960, 1979 年出了第 3~5 版. 如今 Wright 也于 2005 年以 99 岁的高龄过世了, 因此该书又由 Hardy-Littlewood 的第 3 代学生 Roger Heath-Brown 做了进一步的增订(参与局部增订和补充工作的还包括 Hardy-Littleqood 的第五代学生 Andrew Wiles 和美国布朗大学的椭圆曲线专家 Bob Silverman), 于 2008 年出了最新的版本第 6 版.

(2) I. Niven, H. S. Zuckerman and H. L. Montgomery, An Introduction to the Theory of Numbers, 5th Edition, Wiley, 1991.

在英美等国, 这大概是仅次于 Hardy 和 Wright 的一本数论书. 该书的第 5 版主要由新加盟的第三作者 Montgomery(Hardy-Littilewood 的第 2 代学生)增订, 使该书增色不少, 主要增加了一些现代数论的内容.

(3) H. Davenport, The Higher Arithmetic, 8th Edition, Cambridge University Press,

2008.

这是英国著名数学家、Hardy-Littilewood 的学生、我国著名数学家华罗庚(在剑桥)、柯召(在曼彻斯特)留学时的同窗好友 Devenport 所著,1952 年出第 1 版,从第 7 版(1999 年)开始,由其儿子增订(Davenport 已于 1969 年过世),主要是增添了一些计算数论的内容.目前的最新版本是 2008 年的第 8 版.

（4）A. Baker, A Concise Introduction to the Theory of Numbers, Cambridge University Press, 1984.

作者为 Hardy-Littilewood 的学生 Davenport 的学生、是当今世界顶尖级的数论专家,于 1970 年获得享有数学诺贝尔奖之誉的菲尔兹奖. 该书结构清晰、叙述简炼、通俗易懂.

（5）K. Ireland and M. Rosen, A Classical Introduction to Modern Number Theory, 2nd Edition, Springer, 1990.

这是美国布朗大学教授 Ireland（已故）和 Rosen 合写的一本近世数论的书,书中含有较多的关于代数数论和算术代数几何（椭圆曲线）的现代描述.

（6）N. Koblitz, A Course in Number Theory

and Cryptography,2nd Edition,Springer,1994.

这是美国华盛顿大学（西雅图）教授 Koblitz 写作的一本入门性的计算数论与密码学的书.

（7）H. Cohen, A Course in Computational Algebraic Number Theory,Springer,1993.

这是法国数学家 Cohen 写作的一本计算代数数论的书,内容非常丰富.

（8）R. Crandall and C. Pomerance, Prime Numbers:A Computational Perspective,2nd Edition,Springer,2005.

这是美国数学家 Crandall 和 Pomerance 合写的一本计算数论的书,内容丰富,科研性很强.

（9）E. Bach and J. Shallit, Algorithmic Number Theory, Volume 1, Efficient Algorithms,1996,MIT Press.

这是美国数学家 Bach 和 Shallit（目前在加拿大）合写的一本算法数论的书. 1996 年出了第 1 卷,第 2 卷至今未出. 第 1 卷主要讨论基本算法,整数分解算法未能论及.

（10）D. Knuth,The Art of Computer Programming, Volume 2, Seminumerical Algo rithms,3rd Edition,Addison-Wesley,1998.

这是当代集数学与计算机科学为一身的美国学者、1974 年图灵奖得主 Knuth 写作的一套计算机算法书的第 2 卷,主要讲述数论算法,但对数域筛法则只是轻描淡写地说"该算法超出本书范围"而未论及. Knuth 的图灵奖实际上就是因为写作了这一套书,并且是至今为止唯一的一位因为写了一套书而获得图灵奖的学者.

(11) D. M. Bressoud, Factorization and Primality Testing, Undergraduate Texts in Mathematics,Springer-Verlag,1989.

这是一本介绍整数分解和质性检验的比较早期的一本教科书,内容略显陈旧.

(12) K. Shen,J. N. Crossley and A. W. -C. Lun,The Nine Chapters on the Mathematical Art: Companion and Commentary, Oxford University Press and Beijing Science Press,1999.

这是《九章算术》的英文翻译版,由英国牛津大学出版社和国内科学出版社联合出版,国内读者当然可以直接阅读中文原文.

其次,列出本书作者出版的 4 本有关计算数论的专著:

(1) S. Y. Yan, Number Theory for Com

puting,2nd Edition,Springer,2002.

这是一本从数论和计算的结合上系统研究计算数论的专著.

(2) S. Y. Yan, Primality Testing and Integer Factroization in Public-Key Cryptography, 2nd Edition,Springer,2008.

这是一本以研究质性检验和整数分解为主的计算数论的专著.

(3) S. Y. Yan, Cryptanalytic Attacks on RSA,2007.

这是世界上第一本系统研究 RSA 攻击方法的专著.

(4) S. Y. Yan, Perfect, Amicable and Sociable Numbers: A Computational Approach, World Scientific,1996.

这是世界上第一本系统研究亲和数的计算方法的专著.

最后,列出若干与计算理论、计算数论与公钥密码体制有关的文章:

(1) A. Turing, "On Computable Numbers,with an Application to the Entscheidungsproblem", Proceedings of the London Mathematical Society,Series 2 42,pp. 230~265 and

43,pp. 544～546.

这是一篇划时代的文献,首次提出图灵机的概念和理论.

(2) S. Cook, The Complexity of Theorem-Proving Procedures, Proceedings of the 3rd Annual ACM Symposium on the Theory of Computing, New York, 1971, pp. 151～158.

这是 Cook 的图灵奖获奖论文,发表于 1971 年,获奖于 1982 年. 该文第一次提出 NP 完全性的概念,是论述 P 对 NP 的第一篇论文.

(3) A. O. L. Atkin and F. Morain, "Elliptic Curves and Primality Proving", Mathematics of Computation, 61(1993), pp. 29～68.

这是一篇关于椭圆曲线质性检验的文章. 该文论及的 ECPP 算法,是目前最为广泛使用的椭圆曲线质性检验法.

(4) H. W. Lenstra, Jr. , "Factoring Integers with Elliptic Curves", Annals of Mathematics, 126(1987), pp. 649～673.

这是关于椭圆曲线分解的第一篇论文,该文提出了 ECM 法.

(5) C. Pomerance, "The Quadratic Sieve Factoring Algorithm", Proceedings of Euro

crypt 84, Lecture Notes in Computer Science 209, Springer, 1985, pp. 169～182.

这是二次筛法的创始人 Pomerance 介绍该法的一篇文章.

(6) A. K. Lenstra and H. W. Lenstra, Jr. (editors), The Development of the Number Field Sieve, Lecture Notes in Mathematics 1554, Springer-Verlag, 1993.

这是一组关于数域筛法的论文集, 其中, 包括 Pollard 最早关于数域筛法的文章.

(7) P. Shor, "Polynomial-Time Algorithms for Prime Factorization and Discrete Logarithms on a Quantum Computer", SIAM Journal on Computing, 26, 5 (1997), pp. 1484～1509.

这是论述量子分解算法的第一篇正式论文.

(8) W. Diffie and E. Hellman, "New Directions in Cryptography", IEEE Transactions on Information Theory, 22, 5 (1976), 644～654. 67, 3(1979), pp. 393～427.

该文首次提出公钥密码体制的思想.

(9) R. L. Rivest, A. Shamir and L. Adle

159

man,"A Method for Obtaining Digital Signatures and Public Key Cryptosystems", Communications of the ACM, 21, 2(1978), pp. 120～126.

该文首次提出世界上第一个实用的公钥密码和数字签名体制(即 RSA).

(10) D. Boneh,"Twenty Years of Attacks on the RSA Cryptosystem", Notices of the AMS, 462(1999), pp. 203～213.

这是一篇研究攻击 RSA 密码体制的综述性文章.